青春励志系列

淡定

善待生活中的不完美

陈志宏◎编著

延边大学出版社

图书在版编目（CIP）数据

淡定：善待生活中的不完美 / 陈志宏编著．— 延吉：延边大学出版社，2012.6（2021.10 重印）
（青春励志）
ISBN 978-7-5634-4873-9

Ⅰ．①淡… Ⅱ．①陈… Ⅲ．①人生哲学—青年读物
Ⅳ．① B821-49

中国版本图书馆 CIP 数据核字 (2012) 第 115481 号

淡定：善待生活中的不完美

编　　著：陈志宏
责任编辑：林景浩
封面设计：映像视觉
出版发行：延边大学出版社
社　　址：吉林省延吉市公园路 977 号　邮编：133002
电　　话：0433-2732435　传真：0433-2732434
网　　址：http://www.ydcbs.com
印　　刷：三河市同力彩印有限公司
开　　本：16K　165 毫米 ×230 毫米
印　　张：12 印张
字　　数：200 千字
版　　次：2012 年 6 月第 1 版
印　　次：2021 年 10 月第 3 次印刷
书　　号：ISBN 978-7-5634-4873-9
定　　价：38.00 元

前言

在风平浪静的大海上，每个人都是领航员。然而，只有阳光而无阴影，只有欢乐而无痛苦，只有成功而无失败，那不是人生。

人生本来就充满了不完美，人生也时刻都有不足，就像一团纠缠在一起的麻线，各种幸福、成功与悲伤、失败彼此相接。适当留下一些遗憾，反而可以令人生更加丰富。有句话说得好：没有皱纹的祖母是可怕的，没有遗憾的过去无法链接人生。力求完美的生活固然是一种美好的境界，而淡然地善待和接纳不完美的生活更需要一种崇高的境界。

因此，在面对学业、工作、事业、爱情、婚姻、家庭、健康、财富等人生构成要素中出现的种种不如意，我们要学会不抱怨、不沮丧、不沉沦，淡定、从容地从心底去接纳这一切生活中所出现的不完美，并努力使其趋近于心目中的期望值。唯有如此，我们才能获得幸福感和成就感。

《淡定：善待生活中的不完美》一书，就是通过一系列的故事告诉我们这样一个道理：在这个浮躁的社会里，唯有做一个内心淡定的人，善待和接纳生活中的种种不完美，懂得选择，学会放弃，经得住诱惑，耐得住寂寞，才能获得心灵的笃定和超然，智慧和成功也会在淡定中悄然降临。

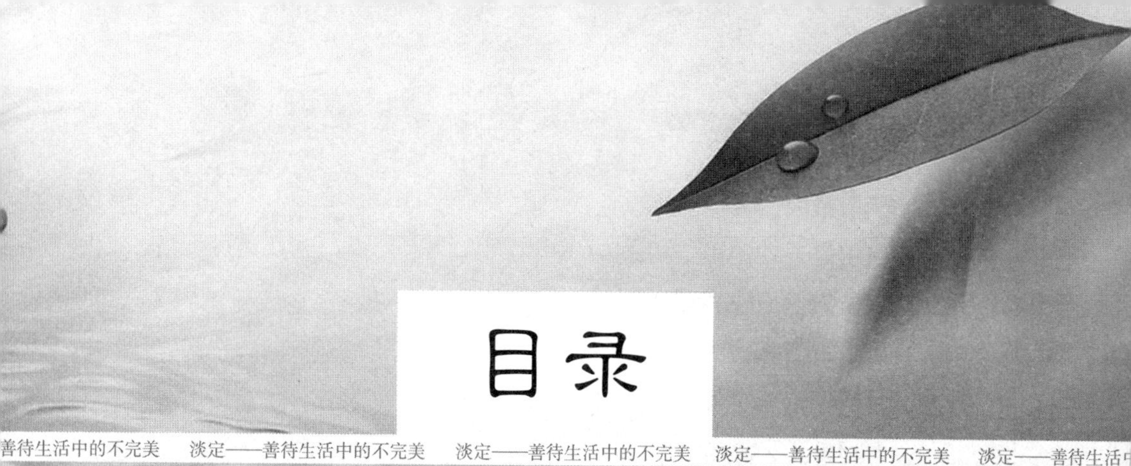
目录
善待生活中的不完美　淡定——善待生活中的不完美　淡定——善待生活中的不完美　淡定——善待生活中的不完美　淡定——善待生活中

第一篇　找准人生的坐标

第二篇 珍视来自心底的真实

第三篇　抓住希望，才能留住梦想

第四篇　改变，感受不一样的力量

第五篇　感谢生活，那些闪光的智慧

第六篇　每个生命都值得尊重

第一篇

找准人生的坐标

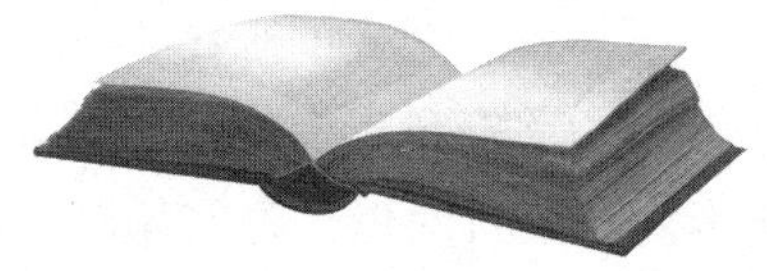

在漫漫人生路上，找准自己的人生坐标，才会让人生更有价值。摆正位置，找好坐标，是实现人生理想的捷径，生命的价值正在于能否在正确、合适的岗位上奋斗。

恰当定位，让信心成为信念。古罗马诗人奥维德所说："信念！有信念的人才经得起任何风暴。"信念和信仰的产生，只能依赖自我的人生定位和策划，找准自己的人生坐标轴，通过扬长避短的定位，自己做自己的伯乐，才能进而拥有真正的自信。

不能做参天大树，成为社会的栋梁，就做无名小花，给世界带来芬芳；每个人都是社会的细胞，找准自己的坐标，人生一样闪光。

想要高人一筹先学低人一等

对于那些已经站在人生金字塔顶上的人，你只要去研究他的攀爬经历就会发现：他也一定有过坎坷和屈辱，他也一定有过“低人一等”的经历，只不过是他不甘现状，不甘人下，比常人付出了更多的努力，尔后才攀上人生巅峰的。

郭宏伟是一所理工大学的英语教师，他讲的课一直深受学生欢迎，后来就为“托福”考试办培训班。在办班的几年时间里，郭宏伟除了赚取一定数量的钱之外，还开阔了眼界，脑筋变得灵活了。他下决心干一番属于自己的事业，于是他离开了曾经工作过6年的大学校园，到北京的一家俱乐部工作。北京的俱乐部大多数为会员制，要想有所发展，必须要大力发展会员。而在俱乐部里，衡量一个人的工作业绩，主要是看他又发展了多少会员，以及售出去了多少张会员卡。他的上司告诉他，你现在唯一需要做的就是一件事：售卡。那段时间里，郭宏伟对一切都感到生疏，也没有什么可以利用的关系。但他以前可是一名令人艳羡的大学教师啊。现在他决定采取一个初入道者都采用过的笨办法：扫楼。“扫楼”是业内人士的术语，即大大小小的公司都聚集在写字楼里，你要一家一家地跑，一家一家地问。那种情形就跟扫楼差不多。当然，你必须要找经理以上的高级管理人员，最好是总裁，普通的白领是难以接受价格不菲的会员卡的。

于是郭宏伟的生活从此开始发生了180度的大转弯。如今，他变成了一个“厚脸皮”的推销员。那是一种什么样的感觉？他心理上的失落感十分强烈。他对自己的选择表示怀疑了，如果留在学校里教书不是挺好吗？郭宏伟渐渐发现，那些冷如冰霜的客气，其实还是对他最大的礼遇，因为公司里的秘书小姐可以随便找个理由将他拒之门外。她们也知道该怎么对付推销员。在许多公司的大门上都贴着一句话：谢绝推销，推销人员禁止入内！在这种情况下，他得装出一副视而不见的样子，而且会大说特说其俱乐部的好处，一直说到别人大动肝火。

有一个朋友问过郭宏伟关于“扫楼”的事情。那个朋友轻描淡写地说：“扫楼”是不是很威风，一层一层，挨门逐户，就像鬼子进村扫荡一样？

郭宏伟听完这番话，就有一种想哭的感觉。往事不堪回首，他至今还清楚地记得“扫楼”之初的那种艰难困苦。他曾经精确地统计过，他“扫楼”的最高纪录是一天内跑了7栋写字楼，“扫”了58家公司，浑身的感觉就像是散了架一样，腿和脚都不是自己的了，别说走路，再想挪动一下都困难。那天晚上，他乘坐电梯从楼上下来，在电梯间里，他感到自己的胃里正在一阵阵痉挛、抽搐、恶心，唯一的想法就是想找个清静的地方大吐一场。他那时才记起自己已是12个小时滴水未进了。

如果推销会员卡只有“扫楼”这一种方式，那么很少有人能够坚持下去，也很少有人能够成功。“扫楼”只是步入这种行业的初始阶段，秘诀还是有的。后来，郭宏伟明显地感觉到“扫楼”给他带来的好处。大约四个月后，郭宏伟开始出现在俱乐部召开的各种招待酒会上。出席这类酒会的人都是些事业有成、志得意满的公司老板和个体商人，也就是老百姓所说的大款。置身于这样的环境中，郭宏伟发现那些如同铁板一样的面孔不见了，那些刺痛人心的冷言冷语不见了。现在出现的可能是真正意义上的彬彬有礼。他感到一下子就放开了自己。他知道他们需要什么，知道他们需要听从什么样的劝告。这是很重要的，因为他一下子就能拉近与他们之间的距离。他的语言，他的讲解，也不是那样干巴巴的，仿佛带有一种难以抗拒的鼓动力。他告诉他们，俱乐部将会给他们最为优质的服务，而购买价格昂贵的会员卡，那就是一种地位、身份和财富的象征。在一次专为外国人举办的酒会上，似乎没有人比他更为活跃了。别忘了，他有一口纯正、流利的英语，这让他一下子就与老外们打成了一片。他曾经一个下午同时向五个老外推销，结果竟然售出了六张会员卡，其中有一个人多买了一张，是送给他朋友的。每张会员卡3万美金，每售出一张会员卡，销售人员可以从中提取10~20%的佣金。郭宏伟一下午的收入就很容易推算了。或许正因为收入丰厚，而且也不需要经过特殊准备，越来越多的年轻人在这种诱惑下开始进入俱乐部的大门，开始成为新的一批“扫楼”者。那以后，郭宏伟在几个俱乐部之间跳来跳去。到了1998年年初，他终于在一家俱乐部安营扎寨。他已经不用再去“扫楼”了，即使参加招待酒会，他也不用怂恿别人去买会员卡了。他有良好的学历，良好的敬业精神和销售业绩，所以，他从销售员、销售经理、销售总监一直做到了俱乐部副总裁的位置上。显然，如果没有当年的“低人一等”，哪里会有后来的“高人一等”呢？

心灵感悟

低调并不是低人一等，因为世间万事万物皆起之于低，低是高的发端与缘起。低调做人的人虽然目前处于“低人一等”的劣势，但却能强化自信，厚积薄发，积累经验，成就大事。

低调的人能够正确认识、分析自我，正确认识自己的优势与劣势，不会以自己的短处与人家的长处相比，更不会以自己的劣势与人家的优势相论。所以，你只要摆正自己的位置，摆脱“低人一等”的心理，发挥自己的所长，以平常之心对待，显出足够的自信，就会在处事过程中从容自如，游刃有余。

不是每根竹子都能做成笛子

小时候，一年夏天，我家来过一个木匠，擅长吹箫奏笛。在我家干了半月的活儿，他教会了我吹笛子，却舍不得将他的笛子送给我，他说那是亲人留下的。

无奈，我到山上砍下一根竹子，请他给我做一根笛子。他苦笑:“不是每根竹子都能做成笛子的。”我觉得他在骗我。那根竹子粗细适宜，厚薄均匀，竹节不明显，质感光滑，是我挑挑拣拣才相中的，凭什么不能做成一支笛子呢?我看了看他手中的笛子，也没什么奇特的。他一定是不把孩子的话当话。

为了不让我生气，他还是用我砍来的竹子做成了笛子，看样子，做的得还挺专业。我拿来吹奏，却怎么听不出那种纯正的笛子声，更无法跟他的笛声相媲美，原来优美动听的音乐仿佛在我这里打了折扣。我承认自己的水平低，但不至于差别这么大吧?我打算再选一根更好的竹子回来，他说:“别忙乎了，我马上要走了。要是等到明年春天，我会给你做一支真正好的笛子。”他这不等于白说吗?我只顾生气，却没有留意他这样说的原因。

前些天，我在街上遇见一个走乡串户的卖笛人。他的布袋里装着好多笛子，随着他身体的晃动，彼此轻轻碰触，发出竹子特有的那种声音。也许是笛子本身的光泽吸引了我，也许是想到这么多年竟没有摸过笛子，不知道还会不会吹奏，就让他给我挑选了一支。

邻居是一个退休音乐教师，我拿着笛子请他鉴赏。老人仔细看过后，竟说这是一只没有多大用处的赝品，让小孩子当玩具耍还可以。“与其说它是笛子，不如是它是一根钻了孔的竹子。”老人的话跟当年木匠的一模一样，这其中到底有什么玄机呢？

我接过这根笛子，左看右看，始终看不出什么毛病。老人解释说，这是利用当年的竹子做成的，经不起吹奏。我更加困惑了：当年的竹子又怎么了？难道非要放陈旧了再来做？什么东西不都是新鲜的好用吗？老人看出了我的困惑，接着讲到：“你不知道，凡是用来做笛子的竹子都需要经年历冬。因为竹子在春夏都长得太散漫了，只有到了冬天，气温骤冷，天天‘风刀霜剑相严逼’，它的质地才能够变样，不走调。而一年生的竹子，没有经过霜冻雪侵，虽然看起来长得不错，可是用来制作笛子就勉为其难了，不但音色差了许多，而且还会出现小裂痕，虫子也喜欢蛀这样的竹子。”

我这才恍然大悟。当年的木匠有这方面的经验，但讲不出这样的道理，他也并没有敷衍一个小孩子的请求。

心灵感悟

就像不是每个人都能够成功一样，虽然都是竹子，但是并不是每根竹子都能做成笛子，因为要做成笛子的竹子必须愿意经历严冬酷暑、风霜雨雪，而即使经历了这些，也并不意味着它就能够质地坚硬、品格贵重，于无声处顽强蜕变，于血肉筋骨内丝丝缕缕全部升华。只有那些懂得它的人才能拥有它。

每个人都会经历这样那样的挫折、磨难，但是并不是说只要经历了这样，就一定能够成功。成功不是失败累积出来的，而是在不断经历失败的过程中不断总结经验、不断超越的结果。

通往成功有近道

一位16岁的少年来到巴黎寻梦，他的理想是成为一名舞蹈家。

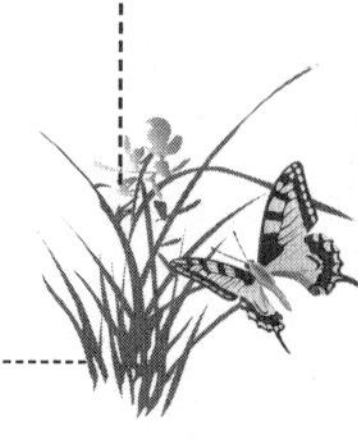

当时，舞蹈是一个热门行业，也是一门贵族艺术。少年家里穷，根本无钱供他上舞蹈学校。少年并不死心，每天据理力争，甚至以绝食相抗。父亲没有办法，只好跟他签了个君子协定：允许他夜晚进舞蹈学校学习，但白天必须自力更生，想办法赚到学费及生活费。

少年没有别的特长，只是从小跟父母学到一点儿裁缝活儿，勉强找到了一家缝衣店，但工资极低，而且劳动强度大，每天要工作十多个小时。三个月后，疲惫不堪的少年感到了绝望，就给当时心目中的偶像、人称"芭蕾音乐之父"的布德里教授去了一封信，请求指点迷津。

布德里非常同情少年的遭遇，但学习舞蹈不光需要天赋、爱好，还需要家境、环境等因素的支持，光凭一腔热情和信念是远远不够的。很快，布德里给少年回了信，为他全面分析了学舞蹈的条件，同时启发他，舞蹈可以当成生命的一部分，但不能是全部。

布德里的回信对少年启发很大，他决定先找到一条适合自己的生存之路，待时机成熟之后，再转攻舞蹈。可这条路在哪儿呢？一个夜晚，少年来到一家酒吧喝闷酒，这时，一位仪态高雅的伯爵夫人向他走来，摸着他身上的衣服，赞不绝口，问他是从哪儿买的。当听说它是少年自己设计制作的时，伯爵夫人惊讶万分："我有预感，孩子，你将来一定会成为一个百万富翁的！"

那一刻，少年忽然发现：最适合自己的生存方式就是缝衣服。这是自己所熟悉的，也是最现实的，尽管这个行业曾经给自己带来过迷茫和痛苦。当下，他通过伯爵夫人，与巴黎最有名的伯坎女式时装店取得联系。凭着从事舞蹈行业得来的灵感以及设计上的天赋，少年从此走上了一条时装设计的道路。10年之后，少年的身份，已变成举世闻名的服装设计巨匠。他就是皮尔·卡丹。

心灵感悟

所谓"条条大路通罗马"，成功的概念也并非只有一个，每个人面临的情况，自身的状况也都不尽相同，所以，当站在人生的十字路口时，面临选择时，如果你感到迷茫，那就不要冒险，因为你还没有做好准备。而应该选择最熟悉、最现实的一条，往往就是你通往成功的捷径。

你与之交往的人就是你的未来

保罗是位音乐爱好者，同时对天文学也充满特别的兴趣，一有空他不是沉浸在音乐里，就是对着天空发呆，因此，在同学之间，他被视为一个不善交际的人。

不过，保罗也不是没有朋友，比他低两个年级的一位金发男孩比尔，就经常到班里来找他，因为保罗的父亲是图书管理员，金发男孩比尔要通过他借一些最新的电脑书籍。

在借书还书的过程中，他喜欢上了比尔，而且两人很快成为了很好的朋友。于是保罗经常跟比尔出入于学校的计算机房，与他一起玩编程游戏。从“三连棋”一直玩到“登月”，临毕业时，保罗也成为一个仅次于比尔的计算机高手。

1971年春天，保罗考入华盛顿州立大学，学习航天；隔一年，比尔进入哈佛，学习法律。两人虽然不在一个学校，但经常联系，比尔继续跟保罗借书，保罗继续跟比尔探讨编程问题。

1974年寒假，保罗在《流行电子》杂志上看到一篇文章，是介绍世界第一台微型计算机的。他兴奋异常，因为在中学时，比尔就经常在他面前抱怨，计算机太笨重了！说要是小到家里能放下就好了。

于是他拿着那本杂志去了哈佛，见到比尔，说，能放在家里的计算机造出来了。比尔当时正为“是继续学法律，还是搞计算机”而苦恼。当他看到《流行电子》杂志上的那台所谓的家用电脑，说，你不要走了，我们一起干点正经事。

保罗没有走，在哈佛所在的城市——波士顿住了下来，并且一住就是八个星期。在这八个星期里，他和比尔没日没夜地工作，用Basic语言编了一套程序，这套程序可以装进那台名为Altair 8008的家用电脑里，并且能像汽车制造厂的大型计算机一样工作。

当他们带着这套程序走进那家微型计算机生产厂家时，竟然得到一个意想不到的答复，给他们3000美元的基价，以后每出一份程序复制，付30美元的版税。

他和比尔喜出望外，再也没有回到学校，三个月后，一家名为“微软”的计算机软件开发公司在波士顿注册，总经理比尔·盖茨、副总经理保罗·艾伦。

心灵感悟

犹太经典《塔木德》中有一句话：和狼生活在一起，你只能学会嗥叫，和那些优秀的人接触，你就会受到良好的影响。所谓“近朱者赤，近墨者黑”，朋友之间的相互影响力是很强大的，它可能会因此改变一个人的人生道路。

你是人才还是人力

有个律师朋友在学校里兼课，他常会找一些学生来作研究助理。

有几个年轻助理，跟着他两三年，我们也就认识了，其中有个叫阿雅的女孩，我头一次见到她，她捧着好多文件夹，像表演特技似的，从楼梯上下来，一脸都是笑。嘴又甜。律师朋友对我说：“阿雅人很乖。”

我一直以为他对阿雅很满意，也以为阿雅毕业后会留在事务所。没想到，我有一天竟在计算机博览会的叫卖摊位上，看见了吆喝着“最后机会，割喉价！不买你会后悔”的阿雅，“什么时候离开事务所的？”我在拥挤的人潮中，扯着嗓子问阿雅。

她的眼圈突然有点红：“离开三个月了，老师说我不是干这一行的。我只好走了……”

我听了觉得心酸，也不知道怎么安慰她，扯开嗓门问：“在这儿还好吗？”

“反正就是工作吗！没什么差别！”她努力的笑着，在给自己打气。

过了一段时间，我遇见律师朋友，他身边的助理少了，也没有像阿雅一样笑脸迎人的类型。

“缩编啦？”我笑着问，“都看不见甜美的笑脸了。”

朋友微笑着说：“阿雅啊！我让她离开了，她不适合这个工作。”

“是吗？我觉得她挺卖力气的。”

“卖力气有什么用，我需要的是人才不是人力。”

我有点震撼。

关于人力与人才，确实是我以前没有想过的问题。我一直以为只要够投入，就能把事情做好，却忽略了专业性与准确性。人才才是最重要的，

如果方法不对，就只是白费力气；如果不能让自己更专业，就无法成为人才，只能沦为人力。人力随处可得，人才却需要发现，需要培养。

“你可以培养她，让她变成人才啊。”我还在挣扎。

朋友疲倦地看了我一眼：“有心人已经设定了自己是人才，有些人无所谓，又怎么培养啊！她自己都无所谓了。”

我忽然想起阿雅在卖场说的哪句话：“反正就是工作吗，没差别。”

也许就是因为没差别，才失去了竞争力吧！

我终于沉默了。

你认为你自己是人才还是人力？

心灵感悟

未来的世纪最缺乏的就是人才，那些能够给这个世界带来变化的人才。但是，你自己是不是人才，你在别人的眼中是不是人才，都要有个清醒的认识。不是光埋头苦干就可以的，现代社会需要的不是老黄牛——人力，而是有创意的人才。

不找借口找方法，胜任才是硬道理

他出生在四川，是穷孩子出身，初中毕业就外出打工。

1997年7月，他应聘一家房地产代理公司的发单员，底薪300元，不包吃住，发出的单做成生意，才有一点提成。

上班第一天，老板讲了很多鼓励大家的话，其中一句“不找借口找方法，胜任才是硬道理”让他印象深刻。

上班后，他劲头十足，每天早晨6时就出门，晚上12时还在路边发宣传单。他连续拼命干了3个月，发出去的单子最多，反馈的信息也最多，却没做成一单生意。为了给自己打气，他把老板告诉他的那句“不找借口找方法，胜任才是硬道理”写在卡片上，随时提醒自己。

随后，他的业务渐渐多起来，公司把他从发单员提拔为业务员。当时，公司销售的楼盘是位于北京市西三环的高档写字楼，每平方米价值2000美元。这种高档房，每卖出一套，提成丰厚。他暗自高兴，以为马上就能做出成绩。然而，两个月过去，他一套房都没卖出去。

终于有一天，有一名客户来找他。他喜忧参半，喜的是终于有客户，忧的是不知该如何跟客户谈。他脸憋得通红，手心直冒汗。但是，除了简单地介绍楼盘的情况外，他不知道再讲些什么，只能傻傻地看着对方。结果，客户失望地走了。

“不找借口找方法，胜任才是硬道理。”他不断给自己鼓劲，开始苦练沟通技巧，主动跟街上的行人说话，介绍楼盘。两个月后，说话能力提高许多。

有一天，一个抱着箱子的人向他打听三里屯的一家酒吧在哪里。他热情地告诉对方，但对方还是没有听明白，他干脆领对方去，还帮对方抱箱子。告别时，他顺手发一张宣传单给对方。那个人很感兴趣，第二天就找到他购买两套房，并说：“我平时很烦别人向我推销东西，但你不同，值得信赖。”这一单让他赚到一万元。更让他激动的是，他相信自己能胜任这份工作。

但他的成绩并不好，每个月只能卖出一两套房，在业务员里属于比较差的。

1998年8月，公司组建成5个销售组，采取末位淘汰制，他处在被淘汰的边缘。这时他对“胜任才是硬道理”有了深刻认识，要胜任就必须找到好方法。因此，当经验丰富的业务员跟客户交流时，他就坐在旁边认真地听，看他们如何介绍楼盘，如何拉近与客户的距离。他还买了很多关于营销技巧的书来学习，他学会把握客户的心理，判断客户的需求，实力，每次与客户交谈时都有针对性。他的业绩开始稳步上升。

1999年8月，北京另一家公司到他所在的公司挖人，许诺给他两倍于现在的待遇，请他过去。他仔细分析形势，发现那家公司精英众多，自己难以出人头地，谢绝了对方的邀请。

“挖人事件”给公司造成很大影响，留下来的人马上都成了公司的顶梁柱，已有两年经验的他很快脱颖而出。他的一个客户想买写字楼，拿不定主意。他知道后，给这个客户做了一个报告，详细分析各楼盘的特点，同时告诉客户，他的楼盘的性价比优势在哪里。客户最终决定在他的楼盘里买下一个大面积的写字楼。这一单，卖出了2000万元。

后来，他一个赛季的销售额达到6000万元，在公司排名第一。按照公司规定，销售业绩进入前五名者可以竞选销售副总监，他决定试试。结果，他成功了。没想到，第一个赛季结束时，他带领的销售组排在最后一名。他在副总监“宝座”上还没坐热，就被撤了。以往被撤销副总监职位的人，大多选择离开，因为他们觉得再也没有颜面当一名普通销售员。他却想，自己被淘汰，完全是因为自己还不胜任，从哪里跌倒，我偏要从哪里爬起来。

重新做业务员后，他调整心态，和从前一样拼命工作。2003年最后一个赛季，他又拿到全公司第一，再次竞选当上销售副总监。这一次，他一上任就开始精心培训手下的员工，将自己的经验毫无保留地传授给他们。他说：“只有大家都好了，我的境遇才会更好。”结果，这个赛季结束，他的组取得很好的成绩，销售额达到8000多万元，租赁也达5000多万元。

此后，他所带团队的业绩一直名列前茅，他的收入自然提高，每年的收入都在100万元上。

他叫胡闻俊，那个告诉他“胜任才是硬道理”的老板是潘石屹。

心灵感悟

有人把自己定位于业务员，而有人则把自己定位于销售总监，当这样的定位在不同的人心中变成目标的时候，那么他们的人生也就从此分野。也许每个人一开始就是业务员，但是不断提升的目标促使他不断向上攀登，而每一个新的目标，只有真正胜任，才能有足够的能力向下一个目标挺进，并最终实现人生的超越。

坚持让我醒目

一个农夫继承了祖上传下来的几亩地，在城郊种粮食，与乡邻们过着同样清贫的生活。

三年后，由于20公里外的地方发现油田，城市热闹起来，经济迅速发展。许多外地人纷纷涌进来，城市的地盘连连扩张。这位农夫所处的城郊

出现了一条条大道、一栋栋大楼，与乡下的安静和贫穷形成了鲜明对照。

在这种形势下，城郊的农民纷纷转让土地，有进城打工的，有做小买卖的，反正钱也好挣，日子过得比以前富裕多了。但是，这位农夫没有放弃田地，他对妻子说："其他活儿我都不在行，只有种地是我的专长。我希望一直守着它。"

又过去三年，农夫的几亩地渐渐被住宅楼群包围。他的家庭和土地成了楼群居民眼中的风景，人们总是三五成群到他的领地上散步、闲聊。这时，农夫已不种粮食，而改种花卉，花卉的价钱比粮食高。

又过了五年，这位农夫的土地几乎成了都市里一座私人花园，而农夫也成了一位优秀的园艺家。他种植的花卉由于成本低，价钱相对便宜，且运输方便，简直供不应求。他每天都在赚钱。

时至今日，这位农夫已变成当地一家花卉公司的老板，管理着60名员工。且称不上巨富，但比起当前所有的乡邻，他是唯一获得真正成功的人。

农夫说："我就知道，只要我坚守自己，坚守我的土地，时间越长，我在别人眼里就会越醒目。"

心灵感悟

坚守自己，就是一种清醒的人生定位。很多人总是一味地追逐，但是又缺乏明确的目标，总是人云亦云、随声附和，这样的结果是能够取得短期的利益，但是很快就会都失去。坚守自己，遵从自己内心最真实的声音，即使不能在物质财富上大富大贵，但精神的原野始终是茂密旺盛的。

把你的梦想交给自己

19世纪初，美国一座偏远的小镇里住着一位远近闻名的富商，富商有个19岁的儿子叫伯杰。

一天晚餐后，伯杰欣赏着深秋美妙的月色。突然，他看见窗外的街灯下站着一个和他年龄相仿的青年，那青年身着一件破旧的外套，清瘦的身材显得很羸弱。

他走下楼去，问那个青年为何长时间地站在这里？

青年满怀忧郁地对伯杰说：“我有一个梦想，就是自己能拥有一座宁静的公寓，晚饭后能站在窗前欣赏美妙的月色。可是这些对我来说简直太遥远了。”

伯杰说：“那么请你告诉我，离你最近的梦想是什么？”

“我现在的梦想，就是能够躺在一张宽敞的床上舒服地睡上一觉。”

伯杰拍了拍他的肩膀说：“朋友，今天晚上我可以让你梦想成真。”

于是，伯杰领着他走进了堂皇的公寓。然后把他带到自己的房间，指着那张豪华的软床说：“这是我的卧室，睡在这儿，保证像天堂一样舒适。”

第二天清晨，伯杰早早就起床了。他轻轻推开自己卧室的门，却发现床上的一切都整整齐齐，分明没有人睡过。伯杰疑惑地走到花园里。他发现，那个青年人正躺在花园的一条长椅上甜甜地睡着。

伯杰叫醒了他，不解地问：“你为什么睡在这里？”

青年笑笑说：“你给我这些已经足够了，谢谢……”说完，青年头也不回地走了。

30年后的一天，伯杰突然收到一封精美的请柬，一位自称是他“30年前的朋友”的男士邀请他参加一个湖边度假村的落成庆典。

在这里，他不仅领略了眼前典雅的建筑，也见到了众多社会名流。接着，他看到了即兴发言的庄园主。

“今天，我首先感谢的就是在我成功的路上，第一个帮助我的人。他就是我30年前的朋友——伯杰……”说着，他在众多人的掌声中，径直走到伯杰面前，并紧紧地拥抱他。

此时，伯杰才恍然大悟。眼前这位名声显赫的大亨特纳，原来就是30年前那位贫困的青年。

酒会上，那位名叫特纳的“青年”对伯杰说：“当你把我带进寝室的时候，我真不敢相信梦想就在眼前。那一瞬间，我突然明白，那张床不属于我，这样得来的梦想是短暂的。我应该远离它，我要把自己的梦想交给自己，去寻找真正属于我的那张床！现在我终于找到了。”

心灵感悟

梦想是自己的，别人的给予只是一种施舍，即使实现了，也不是自己想要的，就像一场美梦，等醒来的时候发现还是一无所有。只有自己

实实在在追求到的梦想才是真的，才是能够体现人生价值和生命意义的，这样的梦想不用多，只要一个就足够，但要紧紧地握在自己手中才可以。

只会坐奔驰，不会骑单车

朋友老谢，子承父业掌管一家公司。有一天，秘书向他汇报，有个美国人上门联系代理广告业务。老谢安排在次日见面。第二天，那个美国老总如约准点来到老谢的公司。这名老总是一个小伙子，看上去比老谢还要年轻，态度谦恭诚恳，操一口生硬的普通话。老谢同他谈了不到一盏茶的工夫，就将他打发走了。

我问老谢，为何这么快就放弃了这笔生意。老谢说："这个人自称美国人，却明明长着一副标准中国人的脸，不得不防，而且今天来公司，竟然是骑着一辆破自行车来的。""另外，据我的副手调查，这位美国老总，租住在一间阴暗狭窄的偏僻民房里。况且他穿的和打工的农民差不多。这说明他不具备任何实力，他的身份很可疑，我把那么大一笔广告费扔给他，搞砸了怎么办？"

老谢的逻辑似乎无懈可击，我不由得折服于他的老谋深算。然而我们都错了。仅仅两年之后，那位小伙子创办的公司迅速崛起于大上海，如日中天，年营业额突破两亿元。而老谢的公司，一天天走向衰败，与早年已不可同日而语。这位美国小伙子就是朱威廉，跨国集团联美广告有限公司的CEO，同时还是著名的文学网站"榕树下"的创始人。

朱威廉的确是在美国长大的，他父母是台湾人，在美国开有7家餐厅，月盈赢50万美金。在最近一次同老谢的聚会中，老谢总结他商场失利的原因，说了这么一句话："我和朱威廉都同样生在有钱的人家，而我之所以失败，是因为我只会坐奔驰，不会骑单车。"

心灵感悟

很多人每天忙碌地追逐，无非是追求身外之物——名利，这些东西最大的价值就是满足人们的虚荣心，但是虚荣心不断膨胀的结果就是导致人们离人生的本质越来越远。更为可悲的是，很多人以为金钱、地位

就是人生的意义，但是那些富人却一样生活得很不快乐。当人们把外在当作衡量一个人价值的标准的时候，他其实已经开始失去了。

天使之所以会飞翔，是因为她把自己看得很轻

世界上的很多事情是说不清楚的，在一家医学院学习的梅子居然和她的另外五位寝友到了同一所医院实习。因为她们学习的专业相同，她们都被安排在妇产科实习。在学校能够一起学习生活，实习又能够在一起，这让六姐妹非常欢喜。但没有多久，一个问题残酷地摆到六姐妹面前，这所医院最后只能留用其中一人。

能够留在这所省内最高等级的医院是六姐妹的共同渴望，但她们不得不面对“有你无我，有我无你”的残酷竞争与淘汰。临近毕业的日子越来越近，六姐妹的较量也越来越激烈，但她们始终相互激励着，相互祝福着。院方为了确定哪一名被留用，举行了一次考核，结果出来了，面对同样出色的六姐妹，院方一时也不知道该如何取舍。但现实是，院方只能够留用一人。

六姐妹中，开始有人表示自己家在外省，更喜欢毕业后能够回到家乡；有的人干脆说家乡的小县城已经有医院同意接收她……美丽的谎言感动着一个又一个人。

这天，六姐妹都突然接到一个相同的紧急通知，一名待产妇就要生产，医院需要立刻前往她家中救治。六姐妹急匆匆地上了急救车。一名副院长、一名主任医生、六名实习医生、2名护士同时去抢救一名待产妇，如此隆重的阵势让6姐妹都感觉到一种前所未有的紧张。有人悄悄地问院长，是什么样的人物，需要这样兴师动众？院长简单地解释道：“这名产妇的身份和情况都有些特殊，让你们都来，也是想让你们都不要错过这个机会，你们可都要认真观察学习。”车内一片沉寂。待产妇家很偏僻，急救车左拐右拐终于到达时，待产妇已经折腾得满头汗水。当医护人员七手八脚把待产妇抬上急救车后，发现了一个问题，车上已经人挨人，待产妇的丈夫上不来了。人们知道，待产妇到达医院进行抢救，是不能没有亲属在身边办理一些相关手续的。人们都下意识地看向副院长，副院长低头为待产妇检

查着，头都未抬地说道："快开车！"所有人都怔住了。不知道该如何是好。这时候，梅子突然跳下了车，示意待产妇的丈夫上车。急救车风驰电掣地开往医院，等梅子气喘吁吁赶回到医院的时候，已经是半小时以后了。在医院门口，她被参加急救的副院长拦住了，副院长问她："这么难得的学习机会，你为什么跳下了车？"梅子擦着额头的汗水回答道："车上有那么多医生、护士，缺少我不会影响抢救的。但没有病人家属，可能会给抢救带来必要的影响。"

3天后，院方的留用结果出来了，梅子成为幸运者。院长说出了理由："3天前的那一场急救是一场意外的测试。将来无论你们走到哪里，无论从事什么职业，都应该记住一句话，天使之所以会飞翔，是因为把自己看得很轻。"

心灵感悟

在大千世界中，每个人都是很渺小的一个，所谓的身份地位在很多时候，在特殊的情况下可能根本一钱不值。一个人的身份地位是要别人赐予的，那样的才真正具有分量，自己给自己再大的名头也无济于事。人生最大的悲哀就是把自己看得太重要，以为缺少了自己就不行，其实，人只有看轻自己，别人才会看重你。

真正的富贵

天空蓝的醉人，海面风平浪静。

时间还是上午，一个老渔夫悠闲地坐在海边，一边抽烟，一边凝视着大海，身旁是他的渔船。他看起来满足而自在，心中了无牵挂。

这时，一个大富翁走了过来。

富翁："这么好的天气，你怎么坐在这里抽烟啊？"

老渔夫："这么好的天气，为什么不坐下来抽烟？"

富翁："这么好的天气，你不能坐下抽烟！"

老渔夫："那我该干什么呢？"

富翁："你应该抓紧时间出海打鱼。"

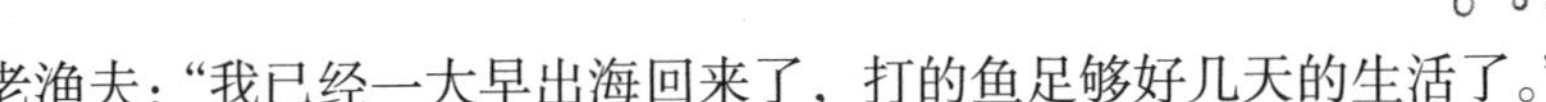

老渔夫：“我已经一大早出海回来了，打的鱼足够好几天的生活了。”

富翁：“那你也该抓紧时间再多多地出去几次，打更多的鱼。”

老渔夫：“然后呢？”

富翁：“然后每天如此。”

老渔夫：“然后呢？”

富翁：“然后你用赚来的钱，买一艘新船，租出去。”

老渔夫：“然后呢？”

富翁：“然后赚很多的钱，买更多的船，赚更多钱……。”

老渔夫：“然后呢？”

富翁：“然后你成功了，你就可以悠闲地坐在海边，抽一袋烟，享受人生！”

老渔夫：“你看我现在在做什么呢？”

富翁：……

心灵感悟

如今的时代，人们每天都面对着生存和发展的压力，常常心力交瘁而疲惫不堪。可是人们是否想过，自己到底在追求什么？一个人也许天天都在憧憬着发大财、做大官、得大名望。然后为了这些成功的辉煌，用辛苦和烦恼替换了一天天美好的光阴。就这样，为了享乐，苦了一生。为了休息，忙了一生。

其实，人的一生，不该碌碌无为虚度光阴。只有知道追求美好的目标，才是健康积极的人生心态。然而，既然追求的是美好，为什么要错过每一天当下的美好呢？任何时候，是否快乐，关键看你对待世界的是一颗怎样的心。很多时候是否快乐，不是因为你拥有的多，而是因为你计较的少。

小溪

它本是一条涓细的小溪，细小的流水是由山上淌出来的泉水和天上所下的丝丝雨水会聚而成的。

一场大雨过后，溪水暴涨，细小的溪流一下子就变成了滔滔的洪水。

小溪高兴得忘乎所以，心中渐渐滋长了骄傲的情绪，很想把自己升格为一条滔滔的大河。

于是，小溪借助雨水的威力，使劲地冲刷两边的堤岸。它卷走泥土，冲塌石块，尽力拓宽自己的河床。

令小溪感到遗憾的是，那场可恶的风很快就驱散了带雨的乌云，明亮的太阳又高悬在蓝天中了。雨过天晴，溪水骤减，不仅无力再拓宽河床了，而且那小小的溪流也被自己所冲积的泥石挡住了。

可怜的小溪不甘心成为一汪臭水，也不情愿让太阳把自己吮吸干净，它拼出了一身汗珠，在乱石丛中曲折蛇行，艰难地寻找出路。最后，它跃进深谷，它把自己的每一滴水花，都奉献给了它的合法主人——江河！

心灵感悟

小溪就像生活中一些人，有点儿成绩就骄傲自大，好高骛远、忘乎所以，就不知道自己几斤几两了，那势必就会撞南墙、跌跟头。人要吃一堑长一智，接受了教训，改过自新，这样的人才能够不断地进步。面临绝境时，能够放平心态，不要坐以待毙，更不要自暴自弃，而要积极寻找方法，因此总能找到一条生路，为自己的生命添上浓墨重彩的一笔。

除掉你心灵里的繁杂

一位哲学家带着他的三个弟子漫游天南海北，广闻博记。弟子们个个都是满腹经纶。

一天，哲学家在旷野中的一片草地坐了下来，对弟子们说："你们都已是饱学之士，在你们的学业结束之前，现在我们上最后一堂课。"

哲学家问："现在我们坐在什么地方？"

弟子们答道："坐在旷野里。"

又问："旷野里长着什么？"

弟子们回答说："旷野里长满了杂草。"

哲学家说："是的，旷野里是长满了草，不过现在我想知道如何才能除掉这些杂草？"

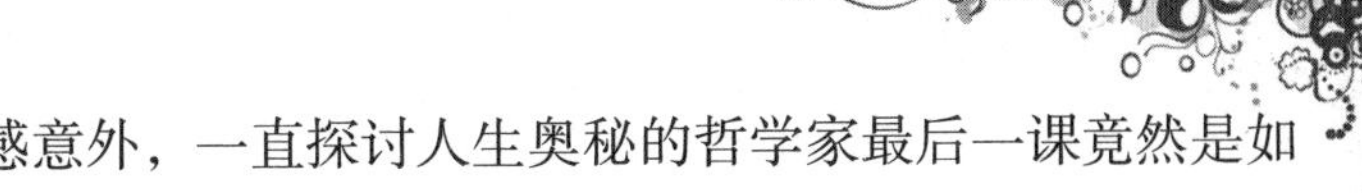

弟子们闻言大感意外，一直探讨人生奥秘的哲学家最后一课竟然是如此简单的问题。

一位弟子抢先开口说：“用手拔掉即可。”

另一个弟子接着答道：“用锄锄掉会省力些。”

第三个弟子更为干脆：“用火烧最为彻底。”

哲学家站了起来，说：“那好，现在你们就按照各自的方法除一片杂草，一年后再在此相聚。”

一年后，几个弟子都来了，原来的地方已不再是杂草丛生，不过还是长出了参差不齐的各种杂草，在风中摇摆。但哲学家却没有来，只是地上摆着哲学家一生的全部著作，上面还留有一张纸条，写着：“要想除掉旷野里的杂草，方法只有一种，那就是在上面种上庄稼。”

弟子们顿时大悟。要想除掉旷野里的杂草，不是用手拔，不是用锄锄，也不是用火烧，方法只有一种，那就是让庄稼占据这片旷野。

心灵感悟

面对人生、事业、爱情，每个人都可能有过彷徨、有过迷惘。如果被迷离的繁华遮住了双眼，被纷乱的声音笼罩了耳膜，苦苦求索而寻不到心灵的净土，此时杂草就变得很容易侵占人们的心灵。若不能及时进行认真的自我审视与剖析，心灵很快就要荒芜；拔、锄、烧，都不能彻底除掉心灵的杂草。即便一毛不剩，人们所期望的也不是光秃秃的心田。每个人都希望在生命的画板上涂上斑斓的色彩，所以应让我们的心灵沉浸在春风细雨之中，让金色的阳光洒满心灵的每一处角落。只有这样，灵魂才不会受到纷扰。

长处是用来发挥的

一个穷困的希腊人到雅典的一家银行去应征一个守卫的工作。这个人除了自己的名字外，什么字都不会写，因此自然是没能得到那份工作。希腊人懊恼地离开那家银行，渡海去了美国。

若干年后，一位希腊大企业家在美国华尔街的豪华办公室里举行记者

招待会。会上，一位记者建议他说："您该写本回忆录了。"

"不可能！"他笑着对记者说，"我根本不会写字。"

闻听此言，记者们大吃一惊。

企业家解释说："万事有失必有得。如果我会写字，也许我今天仍然还只是一个守卫而已。"

原来，希腊人发现了自己的才智，虽然他不会写字，但他在酒店经营管理上却独具才华。他就是希尔顿，他成功了。

心灵感悟

人们都能够找到自己的缺点，也乐意改正缺点，以为这样就能有所进步。可很多时候，人们往往忽略了一个明显的事实：为了改正缺点，浪费了太多的精力，损失了太多的宝贵资源，甚至还在不断损失中！

每个人都有缺点，这是毋庸置疑的，我们也应该承认自己有不如他人的地方。但重要的是，还要明白自己的优势和长处在哪里。没有一个人是靠一生修正自己的缺点而成功的；相反，倒是有清楚地意识到自己的长处并加以发挥而获得成功的人。也许，人生最大的悲哀不是不知道自己的短处，恰恰是不知道自己的长处并加以发挥。

烧开一壶水的智慧

一位青年满怀烦恼地寻找一位智者，希望能得到指点。他大学毕业后，曾豪情万丈地为自己树立了许多目标，可几年下来依然一事无成。

他找到智者时，智者正在河边的小屋里读书。智者微笑着听完青年的倾诉，对他说："来，你先帮我烧壶开水！"

青年看见墙角放着一把极大的水壶，旁边是一个小火灶，可却没发现柴火，于是便出去找。

他在外面拾了一些枯枝回来，又装满一壶水，放在灶台上，在灶内放了一些柴便烧了起来。可由于壶太大了，那捆柴烧尽了，水也没开。

于是，青年又跑出去继续找柴。等到他抱着柴回来时，那壶水已经凉得差不多了。这回他学聪明了，没有急于点火，而是再次出去找柴。等到

柴都准备充足后，水不一会儿就烧开了。

这时智者忽然问他：“如果没有足够的柴，你该怎样把水烧开？”

青年想了一会儿，摇了摇头。

智者说：“如果那样，你就把水壶里的水倒掉一些！”

青年若有所思地点了点头。

智者接着说：“你一开始踌躇满志，树立了太多的目标，就像这个大水壶装了太多的水一样，而你又没有足够的柴，所以不能把水烧开。要想把水烧开，你要么倒出一些水，要么先去准备柴！”

青年这才恍然大悟。

回去后，青年把自己计划中所列的目标去掉了许多，只留下最近的几个；同时利用业余时间学习各种专业知识。几年后，他的目标基本上都实现了。

心灵感悟

俗话说，“不怕立长志，就怕长立志”。没有目标固然不行，但目标太多也容易分散注意力。更重要的是，目标太多，自己的能力和精力又有限，兼顾的结果往往是哪个都无法实现。所以，要学会删繁就简，从最近的目标开始做起很重要，这样才能一步步走向成功。万事挂怀，只会半途而废。

不反击就等于放弃

2007年度美国最热的系列剧《飞黄腾达》被称为“办公室一族必备的生存技巧教材”，我曾屡屡向其偷师。

故事的第一主人公是一位极其成功的商业大亨。他为自己的学徒们规定了一系列的命题，将他们分为两组进行竞赛，并通过竞赛逐一淘汰失败者，从而选出最后的接班人。

每一轮竞赛后，失败一方的领队都要选出两个应承担过失的同伴与自己一同进入大班室，由大亨为首的智囊团决定谁是这一轮的淘汰者。

比赛进行到第五轮时，题目是“买进卖出”：比赛双方各自利用手中的种子基金选购商品，然后售出，这一天的收支差距便是唯一的胜负准则。

美丽的克丽丝汀是这一轮失败方的领队。她在比赛过程中犯了一系列的错误，从而出现了80元美金不翼而飞却不能说明去处的尴尬境况。

在过失检讨会上，几乎所有队员都纷纷将矛头指向了克丽丝汀，认为她是最该被淘汰的人。但按照游戏规则，她仍然必须选出两个与自己一起承担过失的人，并和他们同时面临智囊团的最后问询。她选择了丢失80美元的财务主管和另一个不停抱怨的多嘴女人。

三个人一起坐在大班桌前。换言之，她们同时面临了被开除的威胁。这是最后的审讯。

财务主管拒不承认自己该为丢钱负责，她说这都是领队的错，因为她当时并没有提出要查账；多嘴女人更是不遗余力地攻击自己的队长，说她做错了每一个决定，全然无视自己的意见；而克丽丝汀则一直保持沉默，承担着队友们激烈而尖锐的指责。

大亨听完她们的辩解后，很遗憾地对智囊团的同伴说："多么可惜，此前的比赛中，克丽丝汀一直都是个当之无愧的明星，非常出色。她是个很好的战士，但却不是一个好的领导人。但她很有潜质，有很好的潜质。"

在比赛过程中，我也一直认为这轮的淘汰者应该是克丽丝汀，因为她在领导决策上的确犯了很多错误。但到她们进入大班室的那一刻，我改变了看法，认为她应该留下。

因为她能够如此沉默而坦然地承认自己的错误，毫不推诿，绝无争辩。我认为，这恰恰是一个领导者应有的风度与德行。

然而结果却令我感到意外。大亨做出了最后的结案陈词："克丽丝汀，我很惊讶于整个过程中你没有对自己做出任何辩解。我看到她们俩一直都在为自己的生活战斗，不懈地战斗，而我却没有看到你的斗志。你一下子就失去了斗志，你不反击，根本没有为自己辩护过一句。你放弃了为自己争辩的权利，你放弃了坚持己见。因此，我们也只有放弃你，你被解雇了。"

我和克丽丝汀一同呆住了。

心灵感悟

不反击就等于放弃，这是很多人都没有考虑过的问题。原来，人固然应该看清楚自己的对错得失，但更应该懂得保护自己，坚守阵地。否则，结果只有输！

最优秀的就是你自己

古希腊大哲学家苏格拉底在临终前有一个很大的遗憾——他多年的得力助手居然在半年多的时间里都没能给他寻找到一个最优秀的关门弟子。

事情是这样的：苏格拉底在风烛残年之际，知道自己时日不多了，就想考验和点化一下他那位平时看起来很不错的助手。因此他把助手叫到床前，说："我的蜡烛所剩不多了，得找另一根蜡烛接着点下去。你明白我的意思吗？"

"明白，"那位助手赶忙说，"您的思想光辉是需要很好地传承下去……"

"可是，"苏格拉底慢悠悠地说，"我需要一位最优秀的承传者，他不但要有相当的智慧，还必须有充分的信心和非凡的勇气……这样的人选直到目前我还未见到，你去帮我寻找一位好吗？"

"好的，好的。"助手很温顺很尊重地说，"我一定竭尽全力去寻找，以不辜负您的栽培和信任。"

苏格拉底笑了笑，没再说什么。

于是，这位忠诚而勤奋的助手开始不辞辛劳地通过各种渠道四处寻找。可他领来一位又一位，都被苏格拉底一一否决了。

有一次，当那位助手再次无功而返地回到苏格拉底的病床前时，病入膏肓的苏格拉底硬撑着坐起来，抚着那位助手的肩膀说："真是辛苦你了。不过，你找来的那些人，其实还不如你……"

"我一定加倍努力，"助手言辞恳切地说，"找遍城乡各地，找遍五湖四海，我也要把最优秀的人选挖掘出来，举荐给您。"

苏格拉底笑笑，不再说话。

半年之后，苏格拉底眼看就要告别人世了，最优秀的人选还是没有眉目。助手非常惭愧，泪流满面地坐在病床边，语气沉重地说："我真对不起您，令您失望了！"

"失望的是我，对不起的却是你自己。"苏格拉底说到这里，很失意地闭上眼睛。

停顿了许久，苏格拉底才不无哀怨地说："本来，最优秀的就是你自己，只是你不敢相信自己，才把自己忽略、耽误、丢失了……其实，每个人都是最优秀的，差别就在于如何认识自己，如何发掘和重用自己……”话没说完，一代哲人就永远地离开了他曾经深切关注着的这个世界。

为了不重蹈那位助手的覆辙，每个向往成功、不甘沉沦者，都应该牢记先哲的这句至理名言：“最优秀的就是你自己！”

心灵感悟

不能正确地认识自己，对自己缺乏信心，这是很多人成功路上的最大障碍。他们会倾心于别人的才华和风度，却唯独对自己的优秀视而不见，以致错失大好机会。让我们牢记住先哲的那句话：其实，每个人都是最优秀的，差别就在于如何认识自己，如何发掘和重用自己……

摘取最大的麦穗

古希腊哲学大师苏格拉底带领三个弟子经过一片麦田，要他们选择一个最大的麦穗，只许前进且只有一次选择机会。

第一个弟子走进麦地，很快就发现了一个很大的麦穗。他担心错过这个麦穗就摘不到更大的麦穗，于是迫不及待地摘了下来。但继续前进时，他发现前面有许多麦穗比他摘的那个都大，但已经没有了机会，他只能无可奈何地走过麦田。

第二个弟子看到不少很大的麦穗但都下不了摘取的决心，总以为前面还有更大的。可当他快到终点时才发现，机会已经全部错过了，只能在麦田的尽头摘了一个较大的麦穗。

第三个弟子先用目光把麦田分为三块，在走过前面这一块时，既没有摘取，也没有匆匆走过，而是仔细地观察麦穗的长势、大小、分布规律。在经过中间那块麦田时，他选择了其中一个最大的麦穗，然后心满意足地快步走出麦田。

为了摘取最大的麦穗，三个弟子采取了不同的选择策略。“明者远见于未萌，而智者避危于未形”。无疑，第三个弟子是最明智的，他既不会因为错过了前面那个最大的麦穗而悔恨，也没有因为不能摘取后面更大的麦穗而遗憾。他的选择最大麦穗策略是选择的技能也是废弃的智慧。

心灵感悟

我们每个人面前是不是也有这样一块麦田呢？生活的幸福、感情的甜蜜、事业的成功，不正是我们所期望的最大麦穗吗？可是最大的麦穗在哪里呢？在前面，在后面或是在中间？也许我们错过的正是最大的麦穗，也许眼前的正是最大的麦穗，也许最大的麦穗在后面等着我们；也许永远摘不到最大的麦穗，也许摘到了却浑然不觉，也许自以为摘到手中的就是最大的麦穗。

自信是成功的第一秘诀

罗丝身高不足1.55米，体重却达到了62公斤。她唯一一次去美容院的时候，美容师说罗丝的脸对她来说是一个难题。然而，罗丝并没有因为那些以貌取人的社会陋习而烦忧不已，她依然活得十分快乐、自信、坦然。

罗丝在一家报社工作，因此有机会去许多以前不可能去的地方。她在去阿斯科特跑马场报道那儿观众情况的时候遇到了一件事，这件事让她更加认识到:那种试图以顺应世俗去表现得比别人优越的行为是多么的愚蠢。

在那里，她看到一个矮小而肥胖的女人，穿戴得整整齐齐：高高的帽子，佩着粉红色蝴蝶结的晚礼服，白色的长筒手套，手里还拿着一根尖头手杖。可由于她实在太胖了，当她坐在手杖上时，手杖尖戳进了地面。手杖戳得太深，一下子拔不出来，她就使劲地拔呀拔，眼里含着恼怒的泪水。她最后终于拔了出来，但她却手握着手杖跌倒在地。

罗丝看着她离去。她这一天就算毁了，她在大庭广众之下丢了丑。她没有给任何人留下印象；然而在她自己充满悲哀的泪眼里，她认为自己一个失败者。

罗丝记得非常清楚，自己也经历过这种情况。那时候，她还没有真正认识到没人会真正注意你的所作所为。许多年来，她都试图使自己和别人一样，总是担心别人心里会把自己想像成什么样的人。现在，罗丝知道他们根本就没有想过她。

罗丝还记得自己第一次跳舞时的悲伤心情。对一个女孩子来说，舞会是一个美妙而光彩夺目的活动。那时，假钻石耳环非常时髦。当时她为准备那个盛大的舞会，练跳舞时老是戴着它，以致耳朵疼痛难忍而不得不在上面贴上膏药。也许就是由于这个膏药，舞会上没有人和罗丝跳舞，罗丝在那里坐了整整3个小时45分钟。

回到家后，罗丝却告诉父母亲，自己玩得非常痛快，跳舞跳得脚都疼了。他们听到罗丝舞会上的成功都很高兴，欢欢喜喜地去睡觉了。

当罗丝万分失落地走进卧室，撕下贴在耳朵上的膏药，伤心地哭了一整夜。夜里她总是想象着，可能现在在一百个家庭里，孩子们都在告诉他们的家长：没有一个人和罗丝跳舞。

有一天，罗丝独自坐在公园里，担心如果自己的朋友从这儿走过，在他们眼里她一个人坐在这里是不是有些愚蠢？当她开始读一段法国散文时，书中写到一个总是忘了现在而幻想未来的女人，她不禁想："我不也像她一样吗？"

显然，这个女人把自己绝大部分的时间都花在试图给人留下好印象上了，却很少有时间过自己的生活。在这一瞬间，罗丝意识到，自己整整20多年光阴就像花在了一个无意义的赛跑上。她所做的事一点意义也没有，因为根本没有人在注意她。

心灵感悟

莎士比亚告诫世人：对自己都不信任，还会信任什么真理？自信才是成功的必要条件，是成功的源泉。相信自己能行，那是一种信念。但自信不能仅仅停留在想象上，要成为自信的人，就要像自信者一样去行动。我们在生活中自信地讲了话，自信地做了事，我们的自信就能真正确立起来。面对社会环境，我们每一个自信的表情、自信的手势、自信的言语都能真正在心中培养起我们的自信。

生命的价值没有形式

在一次讨论会上，一位著名的演说家没讲一句开场白，而是手里高举着一张20美元的钞票。面对会议室里的200个人，他问："谁要这20美元？"

一只只手举了起来。

他接着说："我打算把这20美元送给你们其中的一位，但在这之前，请准许我做一件事。"

说完，他将钞票揉成一团，又问："谁还要？"

仍然有人举起手来。

他又说："那么，假如我这样做又会怎么样呢？"

他把钞票扔到地上，又踏上一只脚，用脚使劲地碾它。尔后，他拾起钞票，钞票已经变得又脏又皱。

"现在谁还要？"

还是有人举起手来。

"朋友们，你们已经上了一堂很有意义的课。无论我如何对待那张钞票，你们还是想要它，因为它并没贬值，它依旧值20美元。在人生的路上，我们也会无数次地被自己的决定或碰到的逆境所击倒、欺凌，甚至被碾得粉身碎骨，我们觉得自己似乎一文不值。但无论发生什么，或将要发生什么，在上帝的眼中，你们永远都不会丧失价值。在他看来，肮脏或洁净，衣着齐整或不齐整，你们依然都是无价之宝。"

心灵感悟

生命的价值不依赖我们的所作所为，也不仰仗我们结交的人物，而是取决于我们本身！我们是独特的——永远不要忘记这一点！

博士生与本科生

有一位博士，毕业后被分到一家研究所工作，成为那里学历最高的人。

有一天，他到单位后面的小池塘去钓鱼，正好正副所长在他的一左一右，也在钓鱼。

博士只是微微地向他们点了点头。这两个本科生，和他们能有什么好聊的！博士生暗暗地想。

不一会儿，正所长放下钓竿，伸伸懒腰，蹭蹭蹭从水面上如飞一般地奔到对面上厕所。

博士惊讶得眼睛都要掉下来了。水上漂？不会吧？这可是一个池塘啊！

正所长上完厕所回来时，同样也是蹭蹭蹭地从水上漂回来。

怎么回事？博士生又不好意思去问，自己是个博士生哪！

过了一会儿，副所长也站起来，走几步，也蹭蹭蹭地漂过水面上厕所。这下子博士更是差点昏倒：不会吧，难道自己到了一个江湖高手集中的地方？

这时，博士生也内急了。这个池塘两边都有围墙，要到对面去上厕所需要绕10分钟的路才行；回单位上又太远。怎么办呢？

可博士生又不愿意去问两位所长。憋了半天后，他也起身往水里跨：我就不信本科生能过的水面，我博士生就不能过！

结果只听"咚"的一声，博士生栽到了水里。

两位所长赶紧将他拉了出来，问他为什么要下水。

博士生问："为什么你们可以走过去呢？"

两位所长哈哈笑了起来，说："这池塘里有两排木桩子，由于这两天下雨涨水正好就没在水面下了。我们都知道这木桩的位置，所以可以踩着桩子过去。你怎么不问一声呢？"

心灵感悟

学历只能代表过去的成绩，只有学习力才能代表将来。一味沉迷于经验，就会脱离现实；一味注重于实践，就会走很多的弯路。一个人的综合实力是在不断的学习中完善起来的，善于学习和实践，才能为自己的将来打下坚实的基础。

一枚戒指的价值

有一个年轻人，他感到非常苦恼，就对自己的老师说："老师，我觉得自己什么事情也做不好，大家都说我没用，又蠢又笨。我该怎么办？"

老师看了看他，说："孩子，我很遗憾，现在我帮不了你，我得先解决自己的问题。"停顿了一下，又说："如果你先帮我个忙，我的问题解决了，之后也许我可以帮助你。"

“哦……如果能帮您的忙，我很荣幸，老师。”年轻人很不自信的回答说。

老师把一枚戒指从手指上摘下来，交给小伙子，说：“你骑着马到集市去，帮我卖掉这枚戒指，我要还债。要卖一个好价钱，最低不能少于一个金币。”

年轻人拿着戒指离开了。一到集市，他就拿出了戒指给赶集的人看，人们也都纷纷围上来。而当年轻人说出了戒指的价格后，有人嘲笑他，有人说他疯了。只有一位老人出于好心提醒他，一枚金币那么值钱，用来换这样一枚戒指简直太不值了。

还有个人想用一个银币和一些不值钱的铜器来换这枚戒指，但年轻人记住老师的叮嘱，拒绝了。

年轻人骑着马悻悻而归。他沮丧地对老师说：“对不起，我没有换到您想要的一个金币，但也许可以换到两个或三个银币。”

“年轻人，”老师微笑着说，“首先，我们应该知道这枚戒指的真正价值。你再骑马到珠宝商那里去，告诉他我想卖掉这枚戒指，问问他给多少钱。但是，不管他说什么，你都不要卖，带着戒指回来。”

年轻人又来到珠宝商那里。珠宝商在灯光下用放大镜检查戒指后说：“年轻人，告诉你的老师，如果他现在就想卖，我最多给他58个金币。”

“58个金币？”年轻人简直不敢相信自己的耳朵。

“是啊，我知道，要是再等等，也许可以卖到70个金币。但我不知道你的老师是不是真的要卖……”珠宝商说。

年轻人拿起戒指，激动地跑到老师家，把珠宝商的话告诉老师。

老师听后，说：“孩子，你就像这枚戒指，一件举世无双、价值连城的珠宝。但是，只有真正的内行才能发现你的价值。”

心灵感悟

其实，我们每个人都像这枚戒指，在人生这个大市场里要自我珍视，要明白自己的价值，只有那些“识货”的人才真正懂得我们的价值。所以，不要轻易“贱卖”自己，而要继续努力，将这种价值最大化。只要遇到伯乐，我们就能马上变成千里马，任意驰骋了。

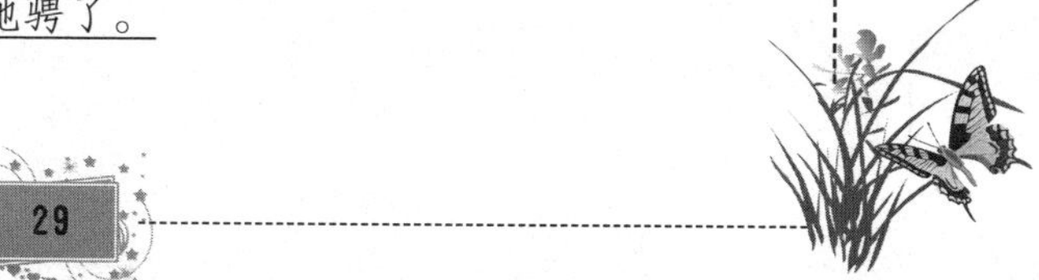

被拒绝了1855次后

美国电影巨星史泰龙十几年前异常落魄，身上只剩下100美元，连房子也租不起，只能睡在金龟车里，但他立志要当演员，并非常自信地到纽约的电影公司应聘。

当时纽约有500家电影公司，都因外貌平平及咬字不清而拒绝了他。随后，他又写了“洛基”的剧本，并拿着剧本四处推销，继续接受别人对他的嘲笑和奚落，他一共被拒绝了1855次。

终于有一天，他遇到一个肯拍“洛基”剧本的电影公司老板，但又遭到对方不准他在电影中演出的要求，最后，在史泰龙的一再坚持下才得到了答应。

你能面对1855次的拒绝仍不放弃吗？史泰龙能，他做了别人做不到的事，所以他能成功。

心灵感悟

在我们成功的旅途中，失意难免，挫折难免，只是成功者绝不会让自己在低潮中“呆”得太久，因为他们的心中有着非常明确的目标。

人生的过程都一样，跌倒了爬起来，再跌倒再爬起来。只不过成功者爬起来的次数比跌倒的次数多一次。最后一次爬起来的人叫成功者，最后爬不起来，不愿爬起来，不敢爬起来的人，就叫失败者。

第二篇

珍视来自心底的真实

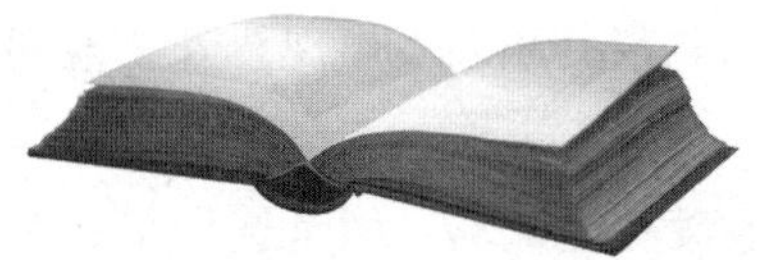

当你遇到挫折时，当生活的压力无情地降临时，当一切都不如自己所愿时，朋友，你有没有想过要静下来好好倾听一下内心的声音呢？把其他的一切都暂时放下吧，找个安静的地方，和内心做一个好好的交流。世界上最有力量的问题是：“这是我真正想要的吗？”仔细聆听内心的回答，然后按照它的旨意应用于生活。这样，我们的内心和外在的两个自己会慢慢达到和谐，而我们外在的世界，也会慢慢开始变得和谐。

每个生命都是一种行走

罗伯斯是古巴著名的田径运动员，他被誉为古巴运动史上最伟大的英雄。他以12秒87的成绩，一举打破了刘翔所保持的男子110米栏的世界纪录。

然而很少有人知道，这位英雄在北京奥运会前，还经历了一次死里逃生。

生活中的罗伯斯对旅游情有独钟，他从小的理想就是进行一次环球旅行。但是因为训练和比赛，使这一计划每次都被搁浅。

2008年5月，他认为时机终于到了。

他背上厚厚的旅行包，坐上了飞往埃及的飞机，他的第一站是金字塔，而最后一站是中国北京。如果不出现意外，他到北京后还能参加为期半个月的封闭训练。

下了飞机，他没有坐汽车，而是选择了一路小跑。凭着良好的身体素质，不出半日，他就前进了30英里。

中午，他简单地吃了一点干粮，给母亲报了个平安，准备继续前行。按照计划，他将在晚上6点到达金字塔。

然而，他没有料到，一股巨大的旋风竟然会在他身后500米外形成，并以箭一般的速度向他袭来，来不及思索，他本能地卧倒，但还是没能幸免。

半个小时后，他才从昏迷中醒过来，他被风带到了另一片沙漠里，地上一片狼藉，除了一瓶水和一些散落的饼干。更为糟糕的是，他迷了路，他不知道何时能走出眼前这一片浩瀚的沙漠。

吃了几块儿饼干，等身体恢复些力气，他开始起身。此时的罗伯斯清楚地知道，不管有多么艰难，他都必须走出去，否则他将永远没有在“鸟巢”一展雄风的机会了。为了节省体力，他不得不放慢速度。

下午，沙漠里天气变得异常炎热，他渴得厉害，但他一直忍着，只有在感觉难以支持的情况下，才小心翼翼地打开水瓶，轻微抿一口水，然后，快速地盖上。

一个下午加一个晚上，他不知道自己走了多远，第二天天亮的时候，他依然看不到尽头，前后左右，都只有讨厌的黄沙相伴。

实在是支撑不住了，他就找个稍微感觉安全的地方躺下，一个小时后，他继续前进。累了就倒在沙子上睡会儿，醒来了就继续走，到了第三天下午的时候，他已经什么都没有了。为了生存，他不得不把自己的尿液装在瓶子里。至于吃，他只得寻找沙漠里那些仅存的稀有的小草，抹一把就塞进嘴里，如果能捡到骆驼拉下的干粪，此时，对他来说已经是最丰盛最美的晚餐了。

就是在如此恶劣的让人难以置信的环境里，罗伯斯整整坚持了10天，与炙热的气温搏斗，与随时席卷而来的龙卷风斗智斗勇。

在最后一天的行走中，他突然看见沙坡的对面有个巨大的湖泊。随着一声尖叫，他像狼一样奔过去。前面是一段水草地，他大踏步走过去，没意识到灾难再次来临。直到身体猛然往下面沉，他才慌了，但越是挣扎，就越陷得厉害。

他忽然想起小时候看过的电影中的情节，脑子立刻冷静下来。他尽量把身体展开，来增大身体的浮力。5分钟后，他听到不远处有说话的声音。他大声呼叫起来，很快他就听到了对方的回答。

他得救了。他成为第一个经历了两场浩劫都能大难不死的明星。

在医院休整了两天后，他给父亲打了个电话。

面对闻讯而来的媒体，他深有感触地说："这10天比我20年的收获还要多，因为我学会了一步步地生活。我永远都不知道出路会落在脚下的哪一步，所以我只得向前，再向前。我至此才深深明白，其实，每个生命都是一种行走，坚持走下去，才会有出路！"

心灵感悟

求生是人的本能，但是往往这种本能会被自己的挫败和自我放逐击垮。很多时候，并不是困难本身大得难以战胜，而是人们把困难想得太大，自己的思想把自己的手脚束缚住了，于是，没有开始，就已经想好了放弃。当我们面临绝境时，如果能够坚信自己能够走出来，那就会焕发强大的力量，积极寻找生机。但重要的不是想，而是要实实在在地去做、去走。

人要想改变自己，什么时候都不晚

她说她不是什么成功女性，也不是什么女强人，只不过是干电视工作的，如果说还取得了一点小小成绩的话，不过是比别人多付出了一些汗水而已。“回头看自己走过的路，我觉得每一个脚印里盛满了坎坷和踏实。”

她就是人称敬大姐的央视名主敬一丹。

从北广毕业后，敬一丹回到了家乡黑龙江，在省电台工作。因为经历过上山下乡的知青生活，她的文化底子薄，于是报考了母校的研究生，可是连续两次都名落孙山。“当时我已经29岁了，不想再折腾了，但就这样放弃，我又有些不甘。”那段时间，敬一丹一直闷闷不乐。母亲是个知识女性，告诉她：“人的命运掌握在自己手里，真要想改变自己，什么时候都不晚。”

“什么时候都不晚”，就是这一句话，让敬一丹第三次走上了考场，终于在30岁的那一年成为了北广的研究生。

入学不久，她结婚了，丈夫在清华大学读研。虽然有了家，但他们依然住在各自学校的集体宿舍里，和单身生活没有什么区别。3年的苦日子熬过后，敬一丹留校任教了。一个女人在大学里当老师，工作既体面又轻松，收入也不错，很多人都羡慕她，但她对自己的生活状况并不满意：“我觉得自己是学新闻的，更应该到一线去做更有挑战性的工作。”

在她33岁那年，央视经济部来北广要人，经过面试、笔试和实践考核，她幸运地被录用了。当时来自亲友们的阻力很大，他们说我是头脑发热，都30多岁的人了，还瞎折腾什么？

在人生的关键时刻敬一丹又一次犹豫了，那段时间，她不断地想起母亲的话：“人要想改变自己，什么时候都不晚。”就这样，她在33岁的年纪走进了中央电视台，成为了一名主持人，而且越来越得到百姓的认可。

一转眼，敬一丹就到了40岁，看到镜子里自己眼角细密的皱纹，她突然有一种深深的危机感和失落感。40岁，对一个女人来说，是道迈不过去的坎儿，尤其对女主持人来说，更是尴尬的年龄。

她把自己的困惑和烦恼向母亲倾诉了，母亲说：“丹啊，你不觉得这十

几年来，你是越来越美丽了吗？每一个人都不可避免会变老，有的人只是变得老而无用，可是有的人却会变得有智慧有魅力，这种改变，不是最好的么？”那一刻，敬一丹迷茫混沌的心豁然开朗。

年龄对一个人来说，可以是一种负担，也可以是一种财富。心态平和了，工作的热情又重新回来了，尽管敬一丹已40多岁了，但领导依然让她在栏目组里挑大梁。

因为她信奉：“人要想改变自己，什么时候都不晚。”

心灵感悟

有句话叫“活到老，学到老”，学习任何时候都不晚。由此可见时间不是问题。对很多人来说，时间是他们最好的借口，他们总会在放弃时，告诉自己“已经晚了，来不及了”，而事实上，只要生命不息，任何时候都来得及。

鱼丸成吨卖

25年前，新加坡有一个卖鱼丸的小伙子。因为鱼丸味道好，很受欢迎，没几年，他就有了一笔可观的存款。

多年以前，鱼丸只是为防止鱼肉腐烂而加工成的一种小食品。有几个人看他做的鱼丸好卖，就与他合伙，部分人在家里做，部分人到街上卖。如此一来，生意做大了。

没过多久，这个小伙子说，要向银行贷款15万元去日本买设备。原来，他看到了一则消息，说日本生产出一种高产量的肉类绞磨机。

“你疯了吗？鱼丸手工就能做，根本没必要去买那么贵的设备。”他的合伙人非常不满。“我们要把眼光往远处看，只有做大才能赚得多。”小伙子说。

一颗鱼丸卖两毛钱，只赚七分钱。所有人都认为这是一件没必要做的事，简直是往火坑里跳。“既然这样，我们可不陪着你做傻事。”合伙人见他不听劝说，和他分道扬镳了。

几个月后，小伙子从日本买回那套设备。没多久，人们发现他再也没

到街上卖过鱼丸，但是，他的鱼丸在城市的各个角落都看得见。

其他小贩们没想到，自从那个小伙子的鱼丸上市后，他们的鱼丸就卖不动了，因为无论从外形上，还是口感上，小伙子的鱼丸都高出一筹。渐渐地，他们也纷纷开始贩卖小伙子的产品。几年下来，小伙子的鱼丸日产量提高到10吨，还是满足不了市场的需求。二十多年过去，他的鱼丸年产量达到8000吨，营业额已经达到三千多万元。

当初那位小伙子，就是今天新加坡最大的鱼丸制造商、“鱼丸大王”林文才。新加坡《联合早报》对他进行专访时，他说：“其实，我只是在心里把鱼丸换了一个量词，鱼丸是‘一颗颗’的，但在我的心里，它是用‘吨’来计算和销售的。”

心灵感悟

把“颗”改成“吨”，是一个量词上的升级，更是一个创业目标和人生志向的升级。

一条拒绝沉没的船

他还很小的时候，父母就离异了。他常常被别的孩子一次次打倒在地，不甘受欺负的他迷恋上了拳击，骨子里的硬气，激励他成为拳王阿里那样的传奇英雄。高中毕业以后，他踏上了职业拳击手之路，不服输的他曾创下5年内17次击倒对手的骄人战绩。但在1971年的一场拳击比赛中，他脑部受到了对手的致命重创。无可奈何，他含泪告别了拳坛。

身无分文的他只身来到纽约，抱着试一试的想法，参加了一个演员培训班，白天靠打工维持生计，晚上拼命学习表演。默默地跑了足足7年龙套之后，1979年，22岁的他得到了一个宝贵的机会，在大导演斯蒂芬·斯皮尔伯格执导的《1941》中充当了一个小角色，踏入了好莱坞之门。就这样，他一步步走出困厄。

1983年，他可谓“春风得意马蹄疾，一日看尽长安花”，主演了电影《局外人》和《斗鱼》。这两部大戏，他的戏码很重，演得也格外出彩，一时间好评如潮。他的性感形象深入人心，被评为“美国最性感男人”。年少轻狂的他开始目空一切，生活也更加放荡不羁。但命运之神摇了摇头，为他打开另一扇门。他主演的黑帮片《龙年》，由于讲述的是美国警察对抗纽约华人黑帮的故事，上映后遭遇到了当地华人的强烈抵制，票房继而惨败，这对于正扶摇直上的他是个不小的打击。性格暴戾的他决定重返拳坛。

4年的职业拳击手生涯虽然算得上战功彪炳，只可惜代价太过于惨重。沉溺酒精、烟草，还有对手疯狂的击打，都让大帅哥的脸开始严重变形。更惨的是整容还碰上庸医。嘴被整得干瘪，额头因为注射了玻尿酸变得不再生动。从他的脸上，已经看不到当年那个好莱坞宠儿的一丝影子，脑子也在无数次无情的击打中严重受损。无奈的他再一次回到影坛，渴望东山再起。由于不能收敛自己火暴的脾气，1994年，他因被控家庭暴力而锒铛入狱。

残缺不堪、反复无常的命运令不能左右自己情绪的他痛苦万分，甚至一度想到了结束自己的生命。但当看到自己的那个亲密朋友吉娃娃Loki可怜巴巴地看着自己，似乎在说："如果你死了，谁来照顾我？"他打消了可耻的想法，他不忍让这条陪伴自己18年的老狗无人照看。他决定振作起来，第三次杀回影坛。

再次杀回影坛的他英俊消逝，时光也将他的尖锐磨平。屏幕上多了一张熟悉而又陌生的"新面孔"。斑驳的脸、花白的头发和永远都叼着的烟，一个中规中矩、内心平静的个性演员。在《罪恶之城》中他扮演了面目狰狞、心地善良的壮汉马弗，他为了心爱的人而豁出性命去复仇，这部影片获得了影迷的认可，他也再次赢得关注。

新影片《摔角王》再一次给了他重新实现自己的绝好机会。现实中的他和片中主人公兰迪的境遇如此相像，他觉得就像是自己在演自己。不同的是，兰迪倒在了摔角场中，而米基重新站了起来，保持一个男人的胜利姿势。《摔角王》不仅获得了威尼斯金狮奖，也为他赢得了多个最佳男主角的提名。

心灵感悟

英国一家船舶博物馆收藏了一条船，这条船自下水以来，138次遭遇冰山，116次触礁，27次被风暴折断桅杆，13次起火，但是它一直

没有沉没。伤痕累累依然勇往直前、百折不回、拒绝沉没，这是一条船的启示，这是一部戏的内涵，这是一个人的精神。

米基·洛克，带给我们：一个角色，一股力量，一种精神。

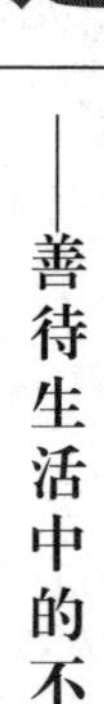

别让任何人偷走您的梦

美国某个小学的作文课上，老师给小朋友的作文题目是："我的志愿"。

一位小朋友非常喜欢这个题目，在他的簿子上，飞快地写下他的梦想。他希望将来自己能拥有一座占地十余公顷的庄园，在壮阔的土地上植满如茵的绿。庄园中有无数的小木屋、烤肉区及一座休闲旅馆。除了自己住在那儿外，还可以和前来参观的游客分享自己的庄园，有住处供他们歇息。

写好的作文经老师过目，这位小朋友的簿子上被画了一个大大的红"×"，发回到他手上，老师要求他重写。

小朋友仔细看了看自己所写的内容，并无错误，便拿着作文簿去请教老师。

老师告诉他："我要你们写下自己的志愿，而不是这些如梦呓般的空想，我要实际的志愿，而不是虚无的幻想，你知道吗？"

小朋友据理力争："可是，老师，这真的是我的梦想啊！"

老师也坚持："不，那不可能实现，那只是一堆空想，我要你重写。"

小朋友不肯妥协："我很清楚，这才是我真正想要的，我不愿意改掉我梦想的内容。"

老师摇头："如果你不重写，我就不让你及格了，你要想清楚。"

小朋友也跟着摇头，不愿重写，而那篇作文也就得到了大大的一个"E"。

事隔三十年之后，这位老师带着一群小学生到一处风景优美的度假胜地旅行，在尽情享受无边的绿草，舒适的住宿，以及香味四溢的烤肉之余，他望见一名中年人向他走来，并自称曾是他的学生。

这位中年人告诉老师，他正是当年那个作文不及格的小学生，如今，他拥有这片广阔的度假庄园，真的实现了儿时的梦想。

老师望着这位庄园的主人，想到自己三十余年来，不敢梦想的教师生

涯，不禁喟叹：

“三十年来为了我自己，不知道用成绩改掉了多少学生的梦想。而你，是唯一保留自己的梦想，没有被我改掉的。”

心灵感悟

梦想就是自己心底最真实的声音。但是只有坚持下去，才能真正实现，才能体会到梦想成真的喜悦。很多人不能成功的一个重要原因，不是他们没有梦想，而是他们不能坚持自己的梦想。

诚信试验

一位研究经济学的朋友，打电话给我说，他要找10个人，在10个地方做诚信试验，问我能不能帮忙。我说可以，但不知道怎么做实验。朋友说很简单，就是在不同的商店买十次东西，每次买东西都付两次钱，看有多少人拒绝第二次付款，然后把结果告诉他就行了。当然，买东西的钱是朋友给的。

我先走进一家服装店，给孩子买了一件20元的衬衣。付过钱出来后，一会儿我又进去说：“对不起，刚才我买衣服忘了给钱。”店主是一位中年妇女，慈眉善目的，看样子是一位好人。我等她说：“你已经付过钱了。”

可是她只是看着我，不说话。我把手里的衬衣举到店主的面前说：“你看，我买的就是这件衬衣。你开价30元，我说15元行不行，你说再加点吧，20元卖给你。我说20就20……”我故意仔细描述买衣服的情景，给店主足够的时间和机会去思考。可是她不耐烦地打断我的话说：“行，快交钱吧。”我只好乖乖地又一次把20元钱给了她，再去别的商店做实验。

我一连试了9个店主，竟然没有一个人拒绝第二次付款。态度最好的哪个，也只是淡淡地说：“你真是个好人。”那神情不知道是赞扬还是嘲笑。

只剩下最后一次了，我想找个熟人试试。大街对面就有一个卖饮料的小店，是我高中时的一位同学开的，老同学和他的儿子正坐在店里。我穿过大街，走进老同学的饮料店，买了一瓶矿泉水就出来了。几分钟后，我再进去说：“哎呀，老同学，我刚才买矿泉水忘了给钱。”老同学说：“算我

送给你喝吧。”我要把试验进行到底，就说：“那怎么行？”掏出两块钱递过去。老同学竟然伸手来接，我真不想松手，因为一松手，她在我心里的形象就矮小了。就在那张纸币一半在我的手里，一半在老同学的手里时，她儿子说：“妈妈，阿姨不是给过钱了吗？”老同学的另一只手上，确实握着我刚刚给的两块钱。

老同学非常尴尬，不得不松开了手。我很后悔用熟人来做实试验，也尴尬地出了饮料店。我刚走到街上，就听到那个讲实话的小男孩在商店里放声大哭，一定是老同学打他了。

心灵感悟

诚信是什么呢？或许很多人都能说出来，但是又有几个人能真的做得到呢？我们常说“童言无忌”，因为孩子的心还是纯真的，没有经历那么多的世故，所以他们才坚持最初接受的教育。而我们很多成人，在社会中摸爬滚打，看似为了理想在拼命，却往往在这个过程中丢失最可贵的品质。

为自由算计

一次，我去另外一个城市，拜访一位比我年长几岁的朋友。在朋友圈中，他可以称得上是德高望重了，大家都很喜欢他，很愿意跟他交往。几位朋友曾经在一起议论过，都觉得他最大的特点是精神上的超然淡定，有着一般人没有的自由的心灵，跟他在一起，再神经质的人都会被感染一些静气。

我在他家住了几天，每天晚饭后就在他的书房里喝茶聊天。聊的内容天南海北、无所不包。有时候两个人好长时间都不说话，我就看着他慢慢地往壶里倒水、往杯里沏茶，并不觉得无趣。

我问他，你从骨子里透出来的那份洒脱是怎么修炼出来的？他看了我一眼，沉默了一会儿，然后站起身来说，我给你看一样东西。他从书柜最底层的一个文件盒里拿出一张纸递给了我。这是一张A4的打印纸，纸上写满了字。因为时间久远，颜色明显地发黄。他告诉我，这是他24岁生日那天写下的东西。我知道，那时他在一所大学读研究生。我很认真地看起来：

一、宿舍里有两个人没有买开水瓶，用完了我水瓶中的水又不去打水。我决定把我的水瓶和他们共用两年，还给他们打两年的开水。如果水用完了没水喝，我就喝自来水；没有热水洗，我就用冷水洗。我不愿意变成他们行为的监督员，更不愿意因为他们不拘小节而生气。

二、买小东西、买菜，绝不还价。平均一天损失3毛，一年损失约100元，这个损失我认了。

三、买衣服，不还价损失太大，不行。叫上女朋友一起去买，还价对她来说是乐趣，对我不是。

四、坐公共汽车，绝不抢座位，只要有一个人站着，空座位离我再近也不坐。

五、别人找自己借东西，能借的尽量借。

……

没看完，我就直截了当地说，这些东西太琐碎，而且有些做法的深层动机也有问题，比如有可能是内心害怕跟别人发生冲突。我相信一个和谐的人格与深刻的内省有关，但与这些婆婆妈妈的事情无关。

他听后笑了，说："我不想说服你，但是你想想，人生就是由很多的琐碎组成的，上面的那些琐碎，也可以举一反三，变成很多很多的琐碎。把这些琐碎先算计清楚了，才可能有时间和精力算计其他不琐碎的事情，对不对？我并不是害怕冲突，而是要自己从小的、琐碎的冲突中脱身。或者说，我算计的和看重的不是金钱或者冲突，而是心灵的自由。"

他给我讲了一个故事：孔子的一个弟子，有辆豪华马车，大约相当于现在一个人有一辆奔驰600。另一个人家里有点事，想借他的马车用一用，但不敢开口。这个弟子听说之后，就把马车烧掉了。别人不解，他说，我有一辆马车，别人借都不敢借，那我还留着干什么？

他接着告诉我，他曾经有一个价值3000元的专业级别的照相机，在他想通那些琐事之前，他总是偷偷用它，生怕别人知道以后找他借，借也不好，不借也不好。

想通了那些之后，他就把相机放在宿舍没上锁的抽屉里，谁想用谁就用，最后那相机也用到了该"寿终正寝"的时候。

3000元买到一个心理上的自由，你说划不划得来？然后，他嘿嘿坏笑了一下说，"如果别人要借你老婆，那就是另一回事了。"我也笑了。那天

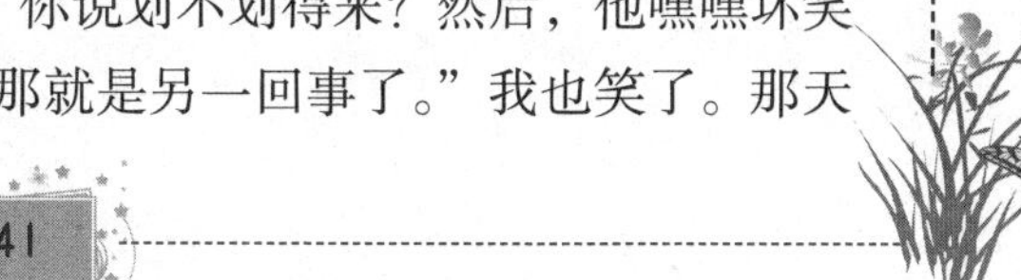

晚上，他的确没有完全说服我。不过，后来我坐公共汽车的时候发现，有座位不坐，感觉也很好。因为站着的时候视野更宽更广，可以看到更多的人和风景。

心灵感悟

很多人不知道的是，他们拼命追求的所谓幸福，只不过是不断往自己心上捆的绳索，追求的越多，捆得也越多、越紧。而人真正追求的，则是心灵的自由，因为这是最真的本质和意义，是内心最真实的呼唤。所以，从生活的细节开始，放开一点儿，心灵就多一点的空间，就能呼吸多一点儿的新鲜空气。

其实人人都有一座金矿

美国田纳西州有一位秘鲁移民，在他的居住地拥有6公顷山林。在美国掀起西部淘金热时，他变卖家产，举家西迁，在西部买下了90公顷土地进行钻探，希望能找到金沙或铁矿。他一连干了5年，不仅没有找到任何东西，最后连家底也折腾光了，不得不重返田纳西。

后来，当他回到西部故地时，发现那里机器轰鸣，工棚林立。原来，被他卖掉的那个山林，就是座金矿，新主人正在挖山炼金。如今这座金矿仍在开采，它就是美国有名的门罗金矿。

心灵感悟

有时候，一个人丢掉属于自己的东西，就有可能失去一座金矿。在这个世界上，每个人都潜藏着独特的天赋，这种天赋就像金矿一样埋藏在我们平淡无奇的生命中。一个人是否能有幸挖到这座金矿，关键看能不能脚踏实地地发挥自己的长处，去经营自己的人生。那种整天羡慕人的活法而邯郸学步的人，那种总以为财宝埋在别人家园子里的人，是永远也挖不到金子的。

成功来自尊严

皮尔已经是第三次失业了。当他在这天清晨走进这家在国内颇有影响力的建筑公司时，他已经暗暗下了决心，一定要尽自己最大努力得到这份工作。不然的话，拮据的他就只有卷铺盖离开这个城市，回到乡下老家去。

事情还算顺利，过关斩将，最后剩下了包括皮尔在内的三个人。这时主考官对他们说："我们要聘任的是一位图纸设计师助理，你们三个的学历及专业都符合要求。下面，我们要做的就是请你们按要求画出三幅样图。第一幅，请画出你见到的最漂亮的建筑物，限时30分钟，开始！"

皮尔马上想到童年那个带着白色风车的红房子，在金色的阳光下，闪烁着灼人的艳丽。皮尔立马把那个美好的记忆画了出来。其他两位选手也在规定时间内画出了他们心中最美的宫殿。

"第二幅图，请简单画出你们生活小区的平面图，并简要介绍一下你们居住小区建筑群的优点与不足。限时35分钟。"主考官接着宣布了第二幅样图的要求。

皮尔略一沉吟信手画来。皮尔每天出入租赁的楼房，对生活区建筑群存在的一些不足早就想了上百遍，并在心里把它们重新规划了无数套方案，使它们更趋向理想化。

皮尔的竞争对手看来对自己生活区建筑群的利与弊也是胸有成竹，大家都在规定的时间内完成了作业。

主考官看了看他们三个交上来的作业，然后宣布了第三幅图的命题：请画出你的居室平面图，并标出你所用物品的摆设位置。限时20分钟。

这个命题太简单了，闭上眼睛都可以清清楚楚地画出自己的居室布局图。其他两个选手迅速画起来，这时，皮尔站起来说："先生，请您再选道命题给我吧。"

主考官冷冷地说："不可能。这就是命题。"

皮尔看着主考官说："那就请你给我规定一个居室，面积、走向、窗户阳台的位置，让我来布局。"

主考官盯着皮尔说："命题很明确，你的居室，不需要我再说了吧，我

们需要的职工，必须是个严于律己、有服从意识的人，是个从小事做起的人。只有对自己的居室有个合理的规划，才可能对整个建筑物作出合理的设计。我们要从一滴水来看太阳。”

“不。”皮尔说，“那是我的个人隐私，请尊重我的人格。如果不能协调，那么我愿意放弃这次面试。”

皮尔离开面试点，在街头徘徊了良久。最后，皮尔决定离开这个城市回到乡下老家去寻求新的出路，虽然这样做，会让皮尔的所学一无所用。

第二天，当皮尔打点好行装，准备离开时，他的手机响了。他接到了建筑公司的录取通知，并告知他当天就到公司来上班。

到公司时，皮尔又遇到了那位主考官。主考官微笑着对他说：“一个敢于维护尊严、保护自己合法权利不受侵害的人，才是我们最需要的人。如果一个人当自己的合法权益受到侵犯时，都不敢出声，委曲求全，失去自我，那么当公司的利益受到损害时，他会把它当成自己的事仗义执言吗？”

心灵感悟

其实，成功原来就这么简单，就是要维护住自己的尊严。

绿茶的含量

办公室一共四五个人。炎炎夏日，有个我们共同的朋友开了车来，带给每人一箱绿茶酸奶。

四五个人里，有人热爱绿茶，有人热爱酸奶，因此对这绿茶酸奶，都很有兴趣。

几天后说起品尝的感想。我说，似乎没有什么绿茶的成分啊，跟一般酸奶的味道并无二致。

好几人附和，说喝不出绿茶的味道，说即使真有绿茶，含量也是极少极少的。

只有一个同事说，当然有，绝对有，而且含量蛮高的。

你有依据？有，她说，我喝了，就失眠。

她喝绿茶失眠我们是知道的。有时相约去泡茶馆，我们都点西湖龙井，

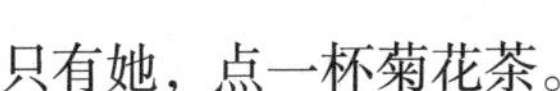

只有她，点一杯菊花茶。

她害怕失眠，因而害怕绿茶。

她干脆把那一箱送了我们。我们喝得不亦乐乎，却仍然不知茶味。

对于我们这些茶客来说，平常喝茶，要求多浓郁啊，这一点点绿茶含量，当然是喝不出来。

而对于她，这一点点，已经够多。

心灵感悟

我们喜欢的、想要的东西，含量再多也觉得少，少到几乎感觉不到；我们害怕的、不想要的东西，含量再少也觉得多，多到叫人失眠。其实，每个人过的一份日子，酸甜苦辣的含量，实在是差不多的。但是随着岁月的流转，人们的心中酸甜苦辣的比例开始发生变化，所以，不要一味强求自己，适合自己的口味最好。

宠辱不惊

清朝名臣谢济世，一生坎坷，曾经四次被诬告，三次入狱，两次被罢官，还有一次充军，一次刑场陪斩，仅凭这些遭遇我们都会认定他的人生一定充满了抑郁和忧怨，但事实上却并非如此。

雍正四年（1726），谢济世任浙江道监察御史。上任不到十天，便因上疏弹劾河南巡抚田文镜营私负国，贪虐不法，引起了雍正的不快，被免去官职，谪戍边陲阿尔泰。

与谢济世一同流放的还有姚三辰、陈学海，经过漫长艰难的跋涉，他们终于到达了陀罗海振武营，三人商量着准备去拜见将军。有人告诉他们：戍卒见将军，要一跪三叩首。

姚三辰、陈学海二人听后很是凄然，自己身为一个读书人却要向人下跪磕头，这样的大礼实在让人难过。谢济世倒不以为意，劝慰两个同伴说："这是戍卒见将军，又不是我们见将军。"

二人一想，说得有理，便一起去见将军。一见面，将军对这三个读书人很尊重，不仅免去了大礼，还尊称他们为先生，赐座赏茶。姚三辰、陈

学海觉得得到了不错的待遇，很是高兴，不禁露出得意的神色，谢济世却还是不以为然。他说：“这是将军对待被罢免的官员，并不是将军对待我，没什么好高兴的。”

心灵感悟

姚三辰、陈学海宠辱若惊，似乎难以享受到平和的心境，而在谢济世眼里，没有得意，也没有失意，自我肯定，宠辱加身，心无所动，去留无意，心态平和，在心理调适方面，不失为人们的榜样。正如一位哲学家说过：“只有做到了宠辱不惊、去留无意方能心态平和，恬然自得，方能达观进取，笑看人生。”

“打不过就跑”

曾经询问一位企业家朋友，他成功的秘诀是什么。他毫不犹豫地告诉我，第一是坚持；第二是坚持；第三还是坚持。我心里暗笑。没想到朋友又“狗尾续貂”了一句，“第四是放弃”。

放弃？作为一个成功的企业家怎么可以轻言放弃？该放弃的时候就要放弃，朋友说，如果你确实努力再努力了，还不成功的话，那就不是你努力不够的原因，恐怕是努力方向以及你的才能是否匹配的事情了。这时候最明智的选择就是赶快放弃，及时调整，及时调头，寻找新的努力方向，千万不要在一棵树上吊死。

据说乾隆皇帝曾经在殿试的时候给举子们出了一个上联“烟锁池塘柳”，要求对下联。一个举子想了一下就直接回答说对不上来，另外的举子们还都在苦思冥想时，乾隆就直接点了那个回答说对不上的举子为状元。因为这个上联的五个字以“金木水火土”五行为偏旁，几乎可以说是绝对，第一个说放弃的考生肯定思维敏捷，很快就看出了其中的难度，而敢于说放弃，又说明他有自知之明，不愿意把时间浪费在几乎不可能的事情上。“童话大王”郑渊洁曾经说过：“每个人都有自己的最佳才能区，除非他是白痴，要拿自己的长处和别人的短处竞争，打得过就打，打不过就跑。”

心灵感悟

懂得放弃的人并不意味着逃避、懦弱，相反还是一种大智慧。那如何才能懂得放弃呢？首先要“打”，打过了才知道自己的短处和长处，才知道自己是否是人家的对手，努力了之后在取胜无望的情况下作战略性撤退，不作无谓的牺牲，是智者所为。“打不过就跑”，是一条最容易走向成功的捷径。

有一种成功：家庭的和睦，人生的平淡

英国某小镇

有一个青年人，整日以沿街为小镇的人说唱为生；这儿，有一个华人妇女，远离家人，在这儿打工。他们总是在同一个小餐馆用餐，于是他们屡屡相遇。时间长了，彼此已十分的熟悉。

有一日，我们的女同胞，关切地对那个小伙子说：“不要沿街卖唱了，去做一个正当的职业吧。我介绍你到中国去教书，在那儿，你完全可以拿到比你现在高得多的薪水。”

小伙子听后，先是一愣，然后反问道：“难道我现在从事的不是正当的职业吗？我喜欢这个职业，它给我，也给其他人带来欢乐。有什么不好？我何必要远渡重洋，抛弃亲人，抛弃家园，去做我并不喜欢的工作？”

邻桌的英国人，无论老人孩子，也都为之愕然。他们不明白，仅仅为了多挣几张钞票，抛弃家人，远离幸福，有什么可以值得羡慕的。在他们的眼中，家人团聚，平平安安，才是最大的幸福。它与财富的多少，地位的贵贱无关。于是，小镇上的人，开始可怜起我们的女同胞来了。

中国山东，有这样一对夫妇

刚刚结婚时，妻子在济宁，丈夫在枣庄；过了若干年，妻子调到了枣庄，丈夫却一纸调令到了菏泽。若干年后，妻子又费尽周折，调到了菏泽，但不久，丈夫又被提拔到了省城济南。妻子又托关系找熟人，好不容易调

到了济南。可是不到一年，丈夫又被国家电业总公司调到重庆。

于是，她所有的朋友，就给她开玩笑——你们俩呀，天生就是牛郎织女的命。要我们说呀，你也别追了，干脆辞职，跟着你们家老张算了。

但是，她以及公婆、父母，都一致反对。“干了这么多年，马上就退休了，再说，你的工作这么好，辞职多可惜。要丢掉多少钱呀！再干几年吧，也给孩子多挣一些。”

其实，他们家的经济条件已经非常优越。早已是中层阶级，但是他们仍然惦念着退休。于是，夫妻两个至今依然是牛郎织女。

我们，是一个尚义轻利的民族。

中国人一直是为了某种自己未必真正明白的主义而活着。于是，中国人，不能在没有目标的生活中活着。而这个目标，可以是工作，可以是理想，可以是金钱，可以是孩子，可以是老人……但是，唯一不可能是的，就是自己。

中国人，可以很委屈地活着。可以是工作上的极不顺心，可以是婚姻上的勉强维持，可以是人际关系上的强作笑颜，可以是所有欲望的极端压制，可以是为了一个所谓的户口……哪怕牺牲自己一生的幸福，也在所不惜。

中国人，可以过异常艰难的日子，但并不能安贫乐道，他所遭受的一切不幸，必定有一个近乎玩笑的借口；中国人，可以把高官厚禄当作成功，中国人可以把身家百万当作理想，中国人可以抛却天伦之乐四海飘荡，但是，中国人唯一不认可的成功——是家庭的和睦，人生的平淡。

于是，一个拥有着五千年文明历史的国度，把爱国、崇高、献身、成功、立业的情结推向了极致——他们要么在大公无私，其实是舍本逐末的漩涡里苦苦挣扎，要么在肩负重任，其实是徒有其名的怪圈里受尽折磨……唯一遗漏的就是自由和自我。于是，在外国，妇孺皆知的道理；在中国，没人能明白。

人的一生，到底在追求什么？

有一个美国商人坐在墨西哥海边一个小渔村的码头上，看着一个墨西哥渔夫划着一艘小船靠岸，小船上有好几尾大黄鳍鲔鱼。这个美国商人对墨西哥渔夫能抓住这么高档的鱼恭维了一番，还问要多少时间才能抓这么多？墨西哥渔夫说，“才一会儿工夫就抓到了。”美国人再问，“你为什么不待久一点，好多抓一些鱼？”墨西哥渔夫觉得不以为然：“这些鱼已经足

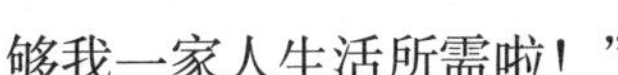

够我一家人生活所需啦！”

美国人又问：“那么你一天剩下那么多时间都在干什么？”

墨西哥渔夫解释：“我呀？我每天睡到自然醒，出海抓几条鱼，回来后跟孩子们玩一玩；再跟老婆睡个午觉，黄昏时分晃到村子里喝点小酒，跟哥们儿玩玩吉他。我的日子可过得充满又忙碌呢！”

美国人不以为然，帮他出主意，他说：“我是美国哈佛大学企管硕士，我倒是可以帮你忙！你应该每天多花一些时间去抓鱼，到时候你就有钱去买条大一点的船。自然你就可以抓更多鱼，在买更多渔船。然后你就可以拥有一个渔船队。到时候你就不必把鱼卖给鱼贩子，而是直接卖给加工厂。然后你可以自己开一家罐头工厂。如此你就可以控制整个生产、加工处理和行销。然后你可以离开这个小渔村，搬到墨西哥城，再搬到洛杉矶，最后到纽约，在那儿经营你不断扩充的企业。”

墨西哥渔夫问：“这要花多少时间呢？”

美国人回答：“十五到二十年。”

墨西哥渔夫问：“然后呢？”

美国人大笑着说：“然后你就可以在家当皇帝啦！时机一到，你就可以宣布股票上市，把你的公司股份卖给投资大众；到时候你就发啦！你可以几亿几亿地赚！”

“然后呢？”

美国人说：“到那个时候你就可以退休啦！你可以搬到海边的小渔村去住。每天睡到自然醒，出海随便抓几条鱼，跟孩子们玩一玩，再跟老婆睡个午觉，黄昏时，晃到村子里喝点小酒，跟哥儿们玩玩吉他。”

墨西哥渔夫疑惑地说：“我现在不就是这样了吗？”

心灵感悟

人的一生，究竟在追求什么？这是一个没有标准答案的问题，一千个人可能会有一千个不同的回答。但我们应该知道成功有很多种定义，有些人终生都在追逐名利，他们生活得也许很快乐；有些人毕生都在灯红酒绿，他们生活得也很幸福；还有更多的人在平淡充实，日复一日的工作和生活中度过平凡的一生，这又何尝不是一种幸福呢？

或许，真正的成功只有一个，就是按照自己喜欢的方式，去度过人生。

什么东西无价

这是一个著名老板的真实经历：

他高考落榜后，就随一个亲戚去沿海的一个港口城市打工。那城市很美，一切让初来乍到的他眼花缭乱。亲戚说："不赖吧？"他说："不赖。"亲戚说："不赖是不赖，可总归不是自个儿的家，人家瞧不起咱。"他挺起胸膛大声说："自个儿瞧得起自个儿就行。"他和亲戚，在码头的一个仓库给人家缝补篷布。他很能干，做的活儿精细，看到丢弃的线头碎布也拾起来，留作备用。

一天夜晚，暴风雨骤起，他从床上爬起来，冲到雨帘中。亲戚劝不住他，骂他是个憨蛋。在露天仓垛里，他察看了一垛又一垛，加固被掀动的篷布。待老板驾车过来，他已成了水人儿。老板见所储物资丝毫不损，当场要给他加薪，他就说不，我只是看看我修补的篷布牢不牢。老板见他如此诚实，就想把另一个公司交给他，让他当经理。他说："我不行，让文化高的人干吧。"老板说："我看你行——你身上有比你文化高的人没有的那种东西！"于是，他就当了经理。

公司刚开张，需要招聘几个大专以上文化程度的年轻人当业务员，就在报纸做了广告。亲戚闻讯跑来，说给自己弄个美差干干。他说："你不行。"亲戚说："看大门也不行吗？"他说："不行，你不会把这里当自个儿的家。"亲戚脸涨得紫红，骂道："你真没良心。"

公司进了几个有文凭的年轻人，业务红红火火地开展起来。过了些日子，那几个受过高等教育的年轻人知道了他的底细，心里就不服气说："就凭我们的学历，怎窝在他手下？"他知道了并不恼，说："我们既然在一块儿共事，就把事办好吧。我这个经理帽儿谁都可以戴，可有价值的并不在这顶帽子上……"

那几个大学生面面相觑，都不再吭声了。

心灵感悟

对任何人来说，做人都是最重要的。无论走到哪里，不要忘记诚实做人，这是你生命力的源头。

和时间赛跑的孩子

安德烈的外祖母过世了，读小学的安德烈心里非常难过，因为外祖母生前非常疼爱他，因此他每天在学校操场上一圈又一圈地跑着，跑得累倒在地上，扑在草坪上痛哭。

那哀痛的日子断断续续地维持了很久，爸爸妈妈也不知道如何安慰他。他们知道与其骗儿子说祖母睡着了(可那总有一天要醒来)，还不如说实话：祖母永远不会回来了。“什么是永远不会回来呢？”安德烈问道。

“所有时间里的事物，都永远不会回来，昨天一旦过去，它就永远变成昨天，你不能再回到昨天。爸爸以前也和你一样小，现在也不能回到你这么小的童年了；有一天你会长大，你会像祖母一样老；有一天你度过了你的时间，就永远不能回来了。”爸爸说。

以后，安德烈每天放学回家，在家里的庭院里面看着太阳慢慢地沉到地平线以下，就知道一天真的过完了，虽然明天还会有新的太阳，但永远不会再有今天的太阳。

时间过得飞快，在安德烈幼小的心里不只是着急，还有悲伤。有一天，他放学回家，看到太阳快落山了，就下决心说：“我要比太阳更快回家。”他狂奔回去，站在庭院前喘气的时候，看到太阳还露着半边脸，就高兴地跳跃起来，那一天他觉得自己跑赢了太阳。以后他就时常做那样的游戏，有时和太阳赛跑，有时和风比快，有时一个暑假才能完成的作业，他十天就做完了。那时他三年级，常常把五年级的作业拿来做。

每一次比赛胜过时间，安德烈就快乐得无法形容。

在他渐渐长大的日子里，和时间赛跑让他受益无穷，虽然他知道人永远跑不过时间，但是人可以比自己原有的时间跑快一步，如果跑得快，有时可以快好几步。那几步看起来也许很小，但是用途却很大。

心灵感悟

很多人都会说“要是一天有25个小时就好了”，一天不可能有25个小时，而一天的24个小时也不过是一个概念而已。人们真正要做的，

要善加利用的是能够抓住的时间，而不是期望时间的延长。只要加快步伐，就无形中多出了一部分时间，这样的积累是巨大的。

被信任是一种幸福

一艘货轮在烟波浩淼的大西洋上行使。一个在船尾搞勤杂的黑人小孩不慎掉进了波涛滚滚的大西洋。孩子大喊救命，无奈风大浪急，船上的人谁也没有听见，他眼睁睁地看着货轮拖着浪花越走越远……

求生的本能使孩子在冰冷的海水里拼命地游动，他用尽全身的力气挥动着瘦小的双臂，努力使头伸出水面，睁大眼睛盯着轮船远去的方向。

船越走越远，船身越来越小，到后来，什么都看不见了，只剩下一望无际的汪洋。孩子的力气也快用完了，实在游不动了，他觉得自己要沉下去了。

放弃吧，他对自己说。这时候，他想起老船长那张慈祥的脸和友善的眼神。不，船长知道我掉进海里后，一定会来救我的！想到这里，孩子鼓足勇气用生命的最后力量又朝前游去……

船长终于发现那黑人孩子失踪了，当他断定孩子是掉进海里后，下令返航，回去找。这时，有人规劝："这么长时间了，就是没有被淹死，也让鲨鱼吃了……"船长犹豫了一下，还是决定回去找。又有人说："为一个黑奴孩子，值得吗？"船长大喝一声："住嘴！"

终于，在那孩子就要沉下去的最后一刻，船长赶到了，救起了孩子。

当孩子苏醒起来之后，跪在地上感谢船长的救命之恩时，船长扶起孩子问：

"孩子，你怎么能坚持这么长时间？"

孩子回答："我知道您会来救我的，一定会的！"

"你怎么知道我一定会来救你的？"

"因为我知道你是那样的人！"

听到这里，白发苍苍的船长"扑通"一声跪在黑人孩子面前，泪流满面："孩子，不是我救了你，而是你救了我啊！我为我在那一刻的犹豫而耻辱……"

心灵感悟

一个人能被他人相信也是一种幸福。他人在绝望时想起你，相信你会给予拯救更是一种幸福。

张纯如：用生命照亮人类的历史

2004年11月9日，一位年轻的华裔女作家在美国加州用一把手枪结束了自己的生命，她的突然离去震惊了整个世界。据不完全统计，仅在美国，就有230多家报纸、电台、电视台播放了这一消息，并向这位年轻的华裔女子致以敬意，这在近年是非常罕见的。近年来，还没有哪一位华人的去世在美国引起如此之大的震动。

她就是张纯如，《南京暴行——被遗忘的二战中的大屠杀》（又译作《南京大屠杀》）一书的作者，继《喜福会》作者谭恩美之后第二位进入美国畅销书榜的华裔作家，与篮球天才姚明、钢琴家郎朗一起被美国华文媒体誉为“最引人注目的在美华人青年”。张纯如的突然辞世，不仅在北美大地产生了很大的反响，也让万里之外的国人感到不同寻常的震撼。一段时间以来，国内各个媒体都在醒目位置刊出了她的照片和生平。就在这位女作家自杀的消息刊出后短短几小时，各大网站就出现了成千上万的帖子，并且是一片崇敬、叹息之声。人们为什么对这位女作家如此惋惜和哀悼呢？在大量的悼念文章中，有这样一段话：

在她短暂的一生中，忍受着巨大的精神痛苦，却留给了我们整个民族一段难忘的记忆。凭借这一记忆，提醒更多的美国人、加拿大人和西方社会，让他们了解在人类历史的长河中，在亚洲那块古老又多灾多难的土地上，中国人民和亚洲人民曾遭受过怎样的人间浩劫，又有着如何难以形容的刻骨铭心的伤痛。而又因为这伤痛，使无数海外华人即使分散在世界各地，也能在一呼一吸之间感觉到彼此的血脉相连。张纯如让我们无法忘记，我们是谁，我们来自哪里。

这里所说的记忆，就是第二次世界大战期间，日本侵略者在中国南京制造的惨绝人寰的大屠杀，而张纯如最为引人注目之处，就是她为南京30

万冤魂的警世呼喊。1997年出版的《南京暴行》在一个月内就打入美国最受重视的《纽约时报》畅销书排行榜，并被评为年度最受读者喜爱的书籍。在《洛杉矶时报》、《今日美国》等著名畅销书栏中，《南京暴行》也是榜上有名。美国《新闻周刊》对这本书的评论是：对二战中最令人发指的一幕作了果敢的回顾，改变了所有英语国家都没有南京大屠杀这一历史事件详细记载的状况。1998年，美国华裔妇女协会为张纯如授予"年度优秀妇女奖"。张纯如由此也成为美国主流社会承认的公众人物，她曾是美国《读者文摘》的封面人物，获得许多大学和组织的荣誉证书，她还为《纽约时报》、《新闻周刊》等主流媒体撰写了大量评论和文章。

一

1968年3月28日，张纯如出生在美国新泽西州普林斯顿的一个华裔移民家庭中。纯如的父母都是中国人，祖父张铁君原籍南京，是从中国内地移居台湾省的著名报人、政论家，父亲张绍进于1959年从台大物理系毕业，母亲张盈盈毕业于台大农化系。20世纪60年代，张绍进来到普林斯顿大学攻读硕士学位，张纯如就是这个时候来到了人世。后来，纯如的父母双双在哈佛大学拿到了博士学位，张绍进应聘到伊利诺伊大学任物理学教授，他在1988年发表的专著《量子场论》在美国理论物理学术界颇有影响。张盈盈则一直从事生物化学的研究工作，曾经义务担任过3年中文学校校长。

纯如之名出自《论语》："乐其可知也：始作，翕如也；从之，纯也，如也，绎如也，以成。"纯如，意思是和谐美好，既有父母思念故国的情怀，也有父母对这个女儿所寄托的期许。在伊利诺伊州的香槟厄巴纳长大后，张纯如来到伊利诺伊大学攻读计算机专业，这所大学的电机系是全美最知名的。到20岁时，她放弃了即将到手的计算机学位，毅然转学新闻专业。1989年从伊利诺伊大学新闻系毕业后，她先是在美联社和《芝加哥论坛报》担任记者，又在约翰·霍普金斯大学获得写作硕士学位，从此开始了专业写作的道路。她的第一本书《蚕丝——中国飞弹之父钱学森》广受好评，也因此赢得了美国麦克阿瑟基金会"和平与国际作计划奖"，并获得美国国家科学基金会、太平洋文化基金会等赞助。

1988年，在伊利诺伊大学的一次联谊会上，明眸亮齿、身材高挑的张纯如与白人男孩道格拉斯一见钟情，从此陷入了爱河。一年后，两人在第一次相遇的地方订婚。1991年8月17日，23岁的张纯如与当时已在硅谷担任工程师的道格拉斯结婚，组成了一个幸福家庭。就在两年前，她生下了一个可爱的儿子克里斯托弗。在这个由不同种族组成的家庭里，纯如的生活是幸福美满的。她曾说，自己的丈夫是“最好的朋友、经济筹划人、精神咨询家”。纯如对自己的“早婚”行为也感到很满意：“我认为，早婚对我的事业很有帮助，这样我就把那些花在约会这些事情上的精力和时间放在写作上。”道格拉斯则回忆说，两人都是事业心很重的人，“我们相处得很愉快，她爱好运动，做美容，看电影，特别喜欢按摩。我们经常聊天，但她比我健谈得多，她总是有很多有意思的故事。她的口才很好，能紧紧地抓住听众。”

二

性格文静的张纯如从小就喜欢写作，喜欢这种自由表达的方式。在她看来，写作是传播社会良知，真正的作家不是玩文字游，而要通过文字来传达社会所需要的思想和感情。在童年的时候，纯如与父母谈话时，父母经常提到遥远的1937年，在大洋彼岸一个叫南京的城市里发生了些什么，她的祖父如何逃离那个人间地狱，滔滔长江水如何被鲜血染成了红色。1994年12月，当张纯如在加州第一次看到南京大屠杀的黑白照片时，更是感到了无比的愤怒。的确有南京，的确存在大屠杀，但是为什么有人否认它，而且在所有的英文非小说类书籍里，居然没有一本提及这段本不应该被遗忘的历史？纯如被这一现象震惊了，几乎所有的西方人都知道希特勒的罪行，却无人知晓日本人在中国进行的大屠杀。南京大屠杀然是人类历史上最骇人的一幕悲剧，但“除非有人迫使这个世界去记住它，否则它就像计算机程序中的一个无害的小错，也许会，又也许不会起任何问题”。想到这里，她感到阵阵心悸。

对于在美国这样的物质社会来说，一个年轻女孩花几年时间去写一本历史著作，在很多人看来是不可思议的，因为年轻人都要争分夺秒地奋斗赚钱、成家立业。不过，这位当时只有25岁的女孩有一个念头：“这本书能不能赚钱我不管，对我来说，我就是要让世界上所有的人了解1937年南京发生的事情。”《南京暴行》出版后，她对美国读者的热情反应也感到意外，她说，“这本书虽然重要，但我以为只会得到图书馆的垂青。”但纯如也相信，最终真相将大白于天下，真相是不毁灭的，真相是有国界的。大家要同心协力，以确保真相被保存、被牢记。

纯如一直认为，写作是一项烦琐而耗费心力的职业，写作本身就是不断改写的过程，无论写作真实或虚构的故事，百分之九十的精力需要花在收集资料和研究上。纯如收集了来自中文、日文、德文英文的资料，及一些从未出版的日记、笔记、信函、政府报告的原始材料，她甚至查阅了东京战犯审判记录稿，也通过书信联系日本的二战老兵。南京大屠杀遇难同胞纪念馆馆长朱成山与纯如有过多次交往，他一直很钦佩张纯如的执著、求知和追求真相的勇气。他在评价《南京暴行》一书时就说，很长时间以来，西方国家只知道纳屠杀犹太人，不知道侵华日军在二战中曾经疯狂地屠杀中国人，国际舆论只谴责纳粹在二战中的暴行，很少抨击日本军国主义在二战中的暴行。这其中一个重要原因，就是自二战胜利以来的几十年光阴中，在西方主流社会中有关日军侵华史实的宣传太少，声音太弱。而此时有这么一个柔弱女子愿意站出来，这种精神实在难能可贵

江苏省社会科学院历史研究所副所长王卫星曾帮助张纯如收集了量的史实资料。他回忆说，1995年7月，张纯如在南京待了25天左右，“她那时才27岁，由于气候不适应，经常感冒，但她工作却一点都不耽误。当时南京的天气很热，她不顾自己的身体，把大部分时间用在采访南京大屠杀幸存者、寻访日军暴行发生地以及翻阅国内资料上，每天工作时间达10小时以上。”当时担任纯如翻译的杨夏鸣副教授回忆说：“她的中文一般，不能读懂中文资料，所以我要逐字逐句为她翻译。她很认真，更十分严谨，常常用美国材料与中文材料核对事实。她听不大懂南京大屠杀幸存者的方言，但她全录下来。她这个人通常会打破沙锅问到底，有时真觉得她有些偏执。”在南京调查的日子里，陪伴纯如的还有前任南京大屠杀遇难同胞纪念馆副馆长段月萍。段老回忆说，“她当时很瘦弱，明显不能适夏季火炉南京的天气，但她每天的工作时间仍然超过10小时，大部分时间都用在寻访、翻阅资料。由于不会读、写中文，她对我提出的著书意见也很尊重，令我十分感动。很快，我们就由工作关系变为很好的朋友。她回国后，我们还经常通信。记得那时，她告诉我她最崇拜的人是曾在南京大屠杀中保护了很多妇女免遭日军蹂躏的沃特林女士。没想到，9年后，她竟选择了与沃特林同样的方式来结束生命。”

在收集资料过程中，张纯如最大的收获便是使中国人民找到了“中国的辛德勒”——约翰·拉贝先生，找到了拉贝详细记录南京大屠杀的日记。今天，详细记录了五百多起惨案的《拉贝日记》已经被翻译成中、英、

日各种文字，保存在德、日、美、中等国档案馆里，成为历史的见证。当时，纯如在美国耶鲁大学图书馆查阅资料时，发现了有关拉贝的一些文献资料，她还通过各种途径了解到，拉贝的一位外孙女莱因哈特还活着，并与莱因哈特取得了联系，这才知道，拉贝有一封写给希特勒的关于日军暴行的报告，并且还有一本关于日军暴行的日记。在《南京暴行》一书中人们可以看到，日军在南京大肆屠杀、强暴妇女时，连担任南京纳粹党主席的拉贝也无法忍受，他带着二十多位外国人士成立了南京安全区，挥舞着纳粹的卐字臂章作为护身符，拯救了25万南京居民。回到德国后，拉贝向希特勒递交了一份报告，期望德国能够施压促使日本改变对中国的政策，结果却遭到盖世太保逮捕审讯，严令他在这个问题上保持沉默。二战结束后，拉贝又因为纳粹的身份受到盟军的审判，失去了工作，生活困顿不堪。虽然南京人民在得知这一消息后为他集资寄去大量食品，但拉贝很快就在1950年去世了。纯如曾说："当我打电话告诉父亲拉贝的故事，并给他念一段拉贝的日记时，我父亲感动得眼泪都流出来了，称拉贝是个英雄。"

纯如发现的不只是《拉贝日记》，还有一份重要的史料:《沃特林日记》。20世纪30年代，明妮·沃特林女士担任金陵女子文理学院院长和教育系主任，身后留下了一部日记，其中详细记载了她亲身经历的侵华日军南京大屠杀的罪行，以及此后数年间日军在南京实施殖民统治的情况。由于保护了大量南京妇女免受日本侵略军的蹂躏，沃特林女士一直为南京市民所铭记，也是纯如最为崇拜的人。不过，这些日记却在美国耶鲁大学特藏室里沉睡多年。纯如走了，但她发现的《拉贝日记》、《沃特林日记》与《南京暴行》一道，都成为向世界人民昭示侵华日军南京暴行的铁证。

三

众所周知，南京大屠杀被遗忘的背景是非常复杂的，在这部极为严肃的著作震惊美国和整个世界的同时，也必然引起了某些无端质疑和粗暴指责，特别是对于不少不愿正视历史的日本人而言，张如的书无疑是"公然挑衅"。在这种情形下，《南京暴行》一也让张纯如成为积极参与维护抗日战争史实的社会活动家，以及抨击日本掩盖历史可耻行径的斗士。她经常应美国一些社团的邀请发表演讲，敦促日本政府反省史，汲取历史教训，以免重蹈覆辙。

1998年，日本驻美大使齐藤邦彦公开发表声明，诬蔑《南京暴行》是

“非常错误的描写”。这一声明立即遭到中国驻美大使馆、美国出版商和各类美国华侨团体的同声抗议，并敦促日本府撤换大使一职。针对日本大使的声明，张纯如在接受采访时指出：“我不知道这声明是代表大使个人的意见，还是代表日本政府的观点。齐藤邦彦的声明引起了我的出版商、中国驻美大使馆以及种不同华人团体的抗议，有些甚至强烈要求日本政府罢免齐藤邦彦的官职。我也通过传媒，邀请这位日本大使先生在国家电视台公开讨论我的书，但至今未得到对方的回应。”在后来与这位日本大使一同接受“吉姆·里勒尔新闻节目”电视访谈时，日本大使居然含糊地宣称日本政府“多次为日军成员犯下的残酷暴行道歉”，张纯如当场指出，正是日本使用的含混字眼使中国人感到愤怒。她还重申了自己写作《南京暴行》的两个基本观点：一是日本政府从未为南京大屠杀做过认真道歉；二是在过去几十年中，日本政府在学校教科书中从来就是掩盖、歪曲和淡化南京大屠杀。纯如说，只有认罪，日本才会变成一个更好的民族。不过，由于受到日本右翼势力的威胁，迄今还没有一家日本出版社敢于出版《南京暴行》的日文版。

2001年7月31日，张纯如和洛杉矶民权律师费希尔在《洛杉矶时报》发表署名文章，批评日本政府拒绝向成千上万遭受日本军人之害的慰安妇道歉赔偿，还言辞激烈地批评了美国政府对日本侵略罪行的姑息养奸。张纯如和费希尔指出：“人们都会认为，一个对冲绳妇女遭强暴感到愤怒的国家，会非常关心其自己国家士兵在二战中大规模强暴妇女的历史。但到今天为止，日本政府拒绝韩国、中国和其他国家修改日本历史教科书的要求。这些教科书掩饰日本在二战时的侵略暴行，其中包括30年代和40年代对慰安妇的大规模的强暴。”文章指出，当年日军强迫来自中国、韩国和菲律宾等国的二十多万妇女和女孩子充当慰安妇。慰安妇每天最多要为四十多名日军提供性服务，尝试逃跑的慰安妇惨遭杀害，许多慰安妇自杀，幸存的慰安妇一辈子都生活在身心创伤之中。张纯如和费希尔指出，从二战结束到1994年，日本政府一直拒绝承认慰安妇的存在。但是，据历史学家发现的历史文件，1932年起就有慰安妇的政策。历史文件还揭露，1937年的南京大屠杀之中，有2~7万中国妇女遭到日军强暴。在此之后，日本政府才不得不面对慰安妇的历史事实，但拒绝向慰安妇做任何赔偿。

四

在纯如辞世前，正在进行她的第四本书的工作。这本书主要是描述第二次世界大战期间在菲律宾巴丹半岛和日军作战的美军坦克营官兵，他们后来被日军拘禁并残忍虐待。在一次去菲律宾做调查的旅行中，身心崩溃的纯如患上了抑郁症，曾一度不得不住院治疗，此后，她一直承受着抑郁症的折磨。许多学者认为，从《南京暴行》到她新近写作的美国二战被俘军人受日军虐待的历史，都是尽显人性恶劣、残忍血腥的历史，这些内容也与张纯如的病因不无关联。在《南京暴行》的写作过程中，纯如就经常"气得发抖、失眠噩梦、体重减轻、头发掉落"。也有人说，对人类的绝望是纯如自杀的主要原因。张纯如曾说，写作使得她对人性有了新的认识，那就是人什么事都能做得出，既有做出最伟大事业的潜能，也有犯下最邪恶罪行的潜能——人性中扭曲的东西会使最令人难以言说的罪恶在瞬间变成平常琐事。读过她的书，许多读者会对人类的兽性和丑恶，产生愤怒与绝望。作为作者，纯如是在长期忍受这种愤怒而又绝望的煎熬，她的忧郁症也许早已埋下了根苗。

纯如辞世后，她的出版经纪人苏姗·拉比纳说："我和她经常通话，最近她告诉我，她无法继续完成这写作计划了。很显然，她感到很悲伤。"纯如的丈夫道格拉斯也认为，是工作害了她。她多年来调查日军二战时期的暴行，从《南京暴行》到她近来准备写的新书，接触的全都是无比残忍和血腥的历史事实，一个个悲惨故事反反复复地让她陷入痛苦深渊，加上艰苦的采访和写作，最终导致她崩溃。

道格拉斯还说，纯如是工作狂，工作异常投入，"她总是把自己推向极限，经工作到累倒为止。"张纯如有一个与众不同的习惯，她每天下午5时起床，晚上等丈夫睡觉后开始写作，直到丈夫早上8时上班，她才去睡觉。这样，她可确保写作时的投入，不受任何外界影响。2004年8月，张纯如飞往肯塔基州采访，但一抵目的地就病倒了，住院治疗三天后飞回旧金山。工作不顺让她很沮丧，她开始接受心理治疗，但她放不下手头的工作，很快又埋头整理写作材料。此后，张纯如精神状态时好时坏，9月就有过一次自杀的苗头。到了10月，她的身体和精神状态恶化，无法照顾幼子，夫妇俩将儿子送到伊利诺伊州的外公外婆家照看。但是，悲剧最终还是发生了。纯如死前留下了一张纸条，要求家人记住她生病前的样子，她说："我曾认真生活，为目标、写作和家人真诚奉献过。"她的遗体葬在加州洛斯盖多圣安东尼牧场的天堂之门公墓，墓碑上写有这样的话："挚爱的妻和母亲，作家、历史学家，人权斗士。"

心灵感悟

忘记历史就意味着背叛。当我们沉浸在今天美好的生活中的时候，我们不仅要记住先烈们的牺牲和前辈们的奉献，更要记住那些在历史的长河中作为弱者被残害的普通人，也许历史没有记住他的名字，但是他们同样是历史的一部分。也告诉现代中国人，一个没有尊严，甚至出卖国家尊严的人，是终究会被社会遗弃的。

一诺千金

去陕西出差。先到一个很偏远的小镇，接着乘坐汽车到村里。路凸凹不平特别难走。沿着盘山公路转悠，没多远我就开始晕车，吐得一塌糊涂。“还有多远呐？”我有气无力地问。“快了，一小时吧，再翻两座山。”陪我们的副镇长说。过一条湍急的河流时，司机放慢速度小心翼翼地开。“这水真大。”我说。“这还算好呢，到雨季水都漫过桥，特危险。”

开会时我负责照相，一群小孩子好奇地围着我。该换胶卷了，我随手把空胶卷盒给旁边一个小孩子，她高兴极了，“谢谢姐姐。”其他孩子羡慕地围着看。看看小孩儿喜欢，我又拆了个胶卷盒给另一个小孩儿，他兴奋得脸都红了。翻翻书包再找出两枝圆珠笔分给孩子们，更多的孩子盼望地看着我的包，真后悔没多带两支笔。

我拉着一个穿红碎花小褂的女孩儿问，“叫什么呀？”“小翠。”“有连环画没有？”“没有。”旁边男孩儿说：“学校只有校长有本字典。”“姐姐回北京给你们寄连环画来，上面有猫和老鼠打架，小鸭子变成天鹅的故事。”听得他们眼睛都直了。

我拿出笔记本，记个地址吧，“陕西×县李庄小学”，“谁收呢？”“俺姐识字，她收。”过来个大一点的女孩儿，“姐姐，写李大翠收。”“好吧。”

从陕西又转道去四川，青海。回北京忙着写报告，译成英文，开汇报会，一晃就两个月了。偶尔翻到笔记本上的“李大翠”，猛然想起小村子的孩子们。犹豫了一下，“孩子们早忘了吧。就是寄过去，也许路上丢了，也许被人拿走了，根本到不了他们手里。”

第二天，还是拜托有孩子的同事带些旧书来。大家特热情，没几天，我桌上就堆了好几十本，五花八门什么都有:《黑猫警长》、《肮脏大王》、《鼹鼠的故事》、《十万个为什么》、《如何预防近视眼》，居然还有一本《我长大了，我不尿床》，呵呵，婴儿妈妈给的。从家里找了本《新华字典》，又跑书店买本《课外游戏300例》，一同寄走了。

快忘了的时候，接到李庄的信。“北京姐姐你好，从你走以后，村里的娃娃天天都说这事儿。我们经常去镇上邮局看看，嘱咐那儿的叔叔、婶婶，‘有北京来的信一定收好啊，我们的。’等了两个月，没有，村里大人笑我们‘北京的姐姐随口说的，城里人，嘿嘿，不作数的’。我们不信，姐姐清清楚楚在本子上记了我们的地址啊。”

“后来发大水了，妈妈不让去。我拉着小翠偷偷去，其实不远，半天就到了。万一书寄来了呢，万一我们不在被别人拿走了呢。那天终于收到了。姐姐，你知道我们有多高兴吗？用化肥袋子包了好几层，几十里路跑着回来的。晚上全村的娃娃都到我家来了。小翠搂着书睡的，任谁也拿不走。第二天拿到学校，老师说建个‘图书角’，让我当管理员。看书的人必须洗干净手，不能弄坏了。书真好看，故事我们都背下来了，还给俺娘讲哩。”

我望着窗外，眼睛湿润了。想着那两座高山，漫过桥的大水，泥泞的山路上一高一矮两个单薄的身影。我为曾经的犹豫感到羞愧，幸亏寄出去了，要不永远对不起孩子，伤了他们的心，拿什么来补。

后来又陆续寄了一些书和文具。秋天来了，收到一个沉甸甸的大包，李庄的。里面是大枣，红亮红亮地透着喜庆，夹着纸条，“姐姐，队长说今年最好的枣不许卖，寄给北京。”我把枣分给捐书的同事，大家说从来没吃过这么甜的枣。

从那以后，我开始明白什么叫“一诺千金”，什么叫“言而有信”。

心灵感悟

我们总是很容易为自己找这样那样的借口，其实，与其花那么多的时间找借口，还承受心灵的愧疚，还不如兑现自己的诺言来得好受。“言而无信，不知其可”，一个人如果不讲信用，那么就没什么可肯定的了。事实上，兑现承诺，或许会有所付出，但是因此收获的要多得多。

眼镜蛇的克星

獴和眼镜蛇不期而遇，会爆发了一场激烈的战争。

獴的个头与眼镜蛇比起来要小许多，所以开战之初，獴只有躲避的份儿。为了壮大自己的力量，獴还使出绝招，就是让全身的毛蓬散开来，这样看去，它的身躯仿佛比刚才大了一倍。这样做还有一个好处：万一被眼镜蛇咬中了，那个笨蛋充其量只能咬去一撮毛。

战斗中，獴上蹿下跳，丝毫也不敢马虎。不一会儿，眼镜蛇的攻势就开始变弱起来。因为它的能量消耗过多，太疲劳了。

獴一见到这种情况，就立马改变策略，由积极防御，改为主动进攻。眼镜蛇却由积极进攻改为被动防御。疲于应付的结果，使它一不小心就露出了破绽。獴瞅准时机，猛然蹿上去，死死咬住了眼镜蛇的颈部，不管蛇如何拼死挣扎，獴就是不肯松口，终于，眼镜蛇不再动弹了。

喜鹊目睹了这一幕，从此，英雄獴勇斗眼镜蛇的故事便在天下传扬开了。

一次，狐的亲人被毒蛇咬死了，它便千里迢迢地来找到獴，恳求獴帮它报仇。獴问："你要消灭的是眼镜蛇吗？"狐说："不，是巴西蝮蛇。"獴一听便摇起了头，说："对不起！你的忙我可没法儿帮。"

"为什么？"狐追问。

"因为我虽然对付眼镜蛇很在行，可对付其他较大型的蛇类，却没有办法。眼镜蛇虽凶，但它行动迟缓、呆笨，毒牙又比较短，嘴巴开合的程度又小，所以我能对付。但是像眼镜王蛇、巴西蝮蛇这些家伙就不同了。我一旦同它们交手，就很少能活着回来。试想如果换上你，你会硬拿鸡蛋往石头上碰吗？"

狐摇摇头，无可奈何地走了。

心灵感悟

不错，獴是眼镜蛇的克星，但它却非一切毒蛇的克星。如果以为能战胜眼镜蛇，就能战胜一切毒蛇，那么獴也就太没有自知之明了。獴能拒绝狐的恳求，实在是一种明智之举。

第三篇

抓住希望，才能留住梦想

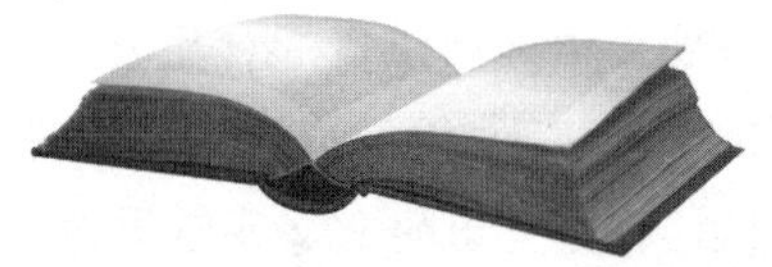

梦想，它能帮助人们跨越了一个又一个的困难，让人们实现了一个又一个的愿望！是它，使得人们能够生活在充满着进步的社会！因为有了梦想，所以人们会实现自己的梦想而去努力！

如今的社会，假如你没有梦想，那么你将无法在这个社会立足。在这个充满着竞争的社会当中，梦想，它起着非常重要的作用，人们要去实现它，人们要去为了它而努力！

很多时候，成就梦想并不需要多么宏伟的壮举，只需要抓住若隐若现的一点希望，然后将其不断放大、不断培植就可以做到实现梦想。

古铁雷斯的命运

他父亲是位大庄园主。7岁之前，他过着钟鸣鼎食的生活。20世纪60年代，他所生活的那个岛国突然掀起一场革命，他失去了一切。

当他们一家在美国迈阿密登陆时，所有的家当，是他父亲口袋里的一叠已被宣布废止流通的纸币。为了能在异国他乡生存下来，从15岁起，他就跟随父亲打工。每次出门前，父亲都这样告诫他：只要有人答应教你英语，并给一顿饭吃，你就留在那儿给人家干活。

他的第一份工作是在海边小饭馆里做服务生。由于他勤快、好学，很快得到老板的赏识。为了能让他学好英语，老板甚至把他带到家里，让他和他的孩子们一起玩耍。

一天，老板告诉他，给饭店供货的食品公司将招收营销人员，假若乐意的话，他愿意帮助引荐。于是，他获得了第二份工作，在一家食品公司做推销员兼货车司机。临去上班时，父亲告诉他："我们祖上有一遗训，叫'日行一善'。在家乡时，父辈们之所以成就了那么大的家业，都得益于这四个字。现在你到外面去闯荡了，最好能记着。"

也许就是因为那四个字吧？当他开着货车把燕麦片送到大街小巷的夫妻店时，他总是做一些力所能及的善事，比如帮店主把一封信带到另一个城市；让放学的孩子顺便搭一下他的车。就这样，他乐呵呵地干了4年。

第5年，他接到总部的一份通知，要他去墨西哥，统管拉丁美洲的营销业务。理由是这样的：该职员在过去的4年中，个人的推销量占佛罗里达州总销售量的百分之四十，应予重用。

后来的事，似乎有点顺理成章了。他打开拉丁美洲的市场后，又被派到加拿大和亚太地区；1999年，被调回了美国总部，任首席执行官。

就在他被美国猎头公司列入可口可乐、高露洁等世界性大公司首席执行官的候选人时，美国总统布什在竞选连任成功后宣布，提名卡罗斯·古铁雷斯出任下一届政府的商务部部长。这正是他的名字。

古铁雷斯这个名字成为"美国梦"的代名词。在接受《华盛顿邮报》采访时，他说了这么一句话："一个人的命运，并不一定来自某个惊人之举；

更多的时候，都取决于他日常生活中的小小善行。”

后来，《华盛顿邮报》以“凡真心助人者，最后没有不帮到自己的”为题，对古铁雷斯做了一次长篇报道。在这篇报道中，记者说，古铁雷斯发现了改变自己命运的简单的武器，那就是日行一善。

心灵感悟

“日行一善”好说但是不好做。一个人做一件好事不难，难的是一辈子做好事，这不但需要坚持和毅力，而且还需要更为长久的爱心和善良的信念。所谓好人有好报，付出爱会加倍得到爱。

瞬间也要美丽

8月，阿根廷的布宜诺斯艾利斯还是稍显寒冷，玛莉娜推开围栏的木门，拉了拉围巾，随手把袋垃圾放进了左边的垃圾桶里，右边垃圾桶旁正蹲着一个拾荒的孩子。在帕雷尔摩富人区，这种场景司空见惯，在往日，忙碌的玛莉娜目光不会为此停顿哪怕一秒钟。

今天，她不由得停下脚步，因为眼前的孩子正在把翻过的垃圾又一点点地放回垃圾桶。她收拾得是那么仔细、耐心而庄严，仿佛面前不是一堆垃圾，而是一棵圣诞树，她正在摘取属于她的礼物。

“喂，孩子，别人可都是翻完垃圾就走的，你为什么还要动那些脏东西？只要再过一小会儿，环卫工人就会来收拾。”玛莉娜问了一句。

“这块草坪多漂亮，毕竟环卫工人还要等一会儿才来，即使瞬间也要让这里尽可能美丽，不好吗？”孩子边收拾着垃圾边说。

这个拾荒孩子的话让玛莉娜很意外。瞬间也要美丽，她默默地站在那里看着孩子的背影，甚至有些感动。许久，孩子突然意识到和她说话的人并没有离去，赶紧站起来转过头。

那一瞬间，玛莉娜几乎惊呆了，面前的那个孩子衣服虽然很旧但很整洁，面容黝黑但很干净，而她姣好的身材和脸型是玛莉娜近几年都少见的。“你愿意当模特吗？”玛莉娜脱口而出。玛莉娜·冈萨雷斯——世界著名项链设计师，她知道什么样的苗子能成为一流的模特。

3年后，这个叫妲妮拉的拾荒女孩接连击败1000多名竞争对手，夺得全球最大模特经纪公司——Elite举办的“世界精英模特大赛”阿根廷赛区选拔大赛的桂冠。从丑小鸭到白天鹅，从垃圾堆到T台，记者问玛莉娜靠什么发现了妲妮拉的潜质，玛莉娜笑着说：“懂得瞬间也要美丽的人，想一生不美丽都很难。”

心灵感悟

我们看到更多的人都是在人前穿着得体，但是在日常生活中却毫不在乎，这正反映了一个人为人处世的方式。越是细节的东西越能反映一个人的真实品质，这就是某位哲人说的：要看一个人的品质，就要看他自己独处时的表现。

抢占第二落点

19世纪中叶，美国加州传来发现金矿的消息。许多人认为这是一个千载难逢的发财机会，纷纷奔赴加州。17岁的小农夫亚默尔也加入了这支庞大的淘金队伍。

越来越多的人蜂拥而至，一时间加州遍地都是淘金者，金子自然也就越来越难淘。

不但金子难淘，而且生活也越来越艰苦。当地气候干燥，水源奇缺，许多不幸的淘金者不但没能圆致富梦，反而葬身于此处。

小亚默尔和大多数人一样，没有发现黄金，反而被饥渴折磨得半死。一天，望着睡袋中一点点舍不得喝的水，听着周围人对缺水的抱怨，亚默尔忽发奇想：淘金的希望太渺茫了，还不如卖水呢。

于是亚默尔毅然放弃采金矿的努力，将手中挖金矿的工具变成挖水渠的工具，从远方将河水引入水池，用细沙过滤，变成清凉可口的饮用水。然后将水装进桶里，挑到山谷，再一壶一壶地卖给找金矿的人。

当时有人嘲笑亚默尔，说他胸无大志：“千辛万苦地赶到加州来，不挖金子发大财，却干起这种蝇头小利的小买卖，这种生意哪儿不能干，何必跑到这里来？”

亚默尔毫不在意，不为所动，继续卖他的水。哪里有这样的好买卖——把几无成本的水卖出去？哪里有这样好的市场？

结果，大多淘金者都空手而归，而亚默尔却在很短的时间靠卖水赚到6000美元，这在当时是一笔非常可观的财富。

心灵感悟

在追逐主要目标的过程中，会有派生出来的次要目标与机遇，大家都在蜂拥而上抢第一落点时，去抢第二落点不失为明智之举。

最佳经纪人

超级巨星迈克尔在晚报上刊登启事，为自己找一个经纪人。

四个全国著名经纪人聚集到迈克尔家里。迈克尔让用人拿来四张一模一样的纸条，上面写道："尊敬的先生们，毫无疑问，你们都是出色的经纪人，你们也有很出色的过去。你们能不能在一个小时内做一些事，展示一下你们的实力呢？"

他们立即忙开了。有的经纪人开始制定迈克尔全年演出计划，并预计他将从演出中赚到多少美元；有的经纪人开始制定迈克尔的投资计划，建议他投资哪个城市的房地产，哪种类型的股票；有的则提出迈克尔向多元化发展，把明星效应充分利用起来。

丹尼斯没有动笔，他拿着那张纸条，请用人带他进里屋。

一个小时过后，迈克尔出现了，三个经纪人把自己的计划书交给他。迈克尔看后，说："很遗憾，你们能想到的，那些小经纪人，甚至我自己都能想到，很抱歉！"

丹尼斯走上前来，手里拿着那张纸条，神采奕奕地说："恭喜您，迈克尔先生，您的这张亲笔便笺经过网上激烈竞拍，最终以1500美元成交！"

迈克尔开心地笑了，伸出手："我也要恭喜你，你将成为我的全权经纪人。"接着，他对另三个经纪人说："在这一个小时里，你们给我的只是一纸空文，而丹尼斯先生给我的是实实在在的财富。更重要的是，他具有化腐朽为神奇的能力，能把我的明星效应发挥到极致。"

心灵感悟

我们每个人都会畅想美好的未来，甚至为此兴奋不已，但是那只不过是一场美梦而已，能不能实现，完全要看现在走到每一步。把握眼前的每一步，才是靠近梦想的真实一步，才不会是走错的一步。

第三名是个旁听生

1992年5月，一位刚拿到律师资格证书的大学生很偶然地听说司法部正在北京举办中国首期证券资格律师培训班。他知道，证券市场在中国还是个新生事物，拥有证券从业资格的律师在中国还没有，如果能拿到这块“敲门砖”，意味着与成功近在咫尺。

第二天，他和两个同学找到司法部。当他们向主管培训班的处长说明来意后，处长耐心而坚决地说：“第一批参加培训的都是资深律师，是经过各省层层筛选审批产生的，而且每个省只有一两个名额。你们是没有机会的！”

三个年轻人闻言沮丧地走出司法部大楼，可那个大学生越想越不甘心，便独自折了回去。他对那位处长说：“我想交钱旁听，可以给我一张证吗？”处长两手一摊：“这个班没有旁听的概念！小伙子，以后再努力吧！”说完，处长就走了。

回到寝室，大学生还在为如何抓住这个机会而四处打探消息，同学们纷纷讥笑他痴人说梦。晚上，当大家到三里屯泡吧时，这位大学生独自找到司法部值班室，打听到了那个培训班的地址。

第二天早上5点多，大学生转乘了3辆公交车，早早出现在培训班所在的邮科院培训楼门口。可因为没有听课证，值班门卫不让进，他只好在楼口徘徊了两个多小时。快8点时，他发现楼口有工作人员在搬培训资料，就趁门卫不注意，连忙赶上去帮忙。从一楼到六楼，别人跑一趟，他跑三趟，挥汗如雨，不敢有丝毫倦怠。工作人员以为他是学员，也就没怎么在意。

就在这时，那位处长驱车到培训班视察，一眼就认出了这个大学生，忍不住笑着说："你别这样故意感动我好不好？我就是让你旁听，但因为没有报批手续，即使你考过了，也不可能得到资格证！"工作人员这才恍然大悟，都被这个小伙子求学的精神深深打动，纷纷为他说好话。处长也心动了："我们有话在先，拿不到资格证，可别来找我！"

三个月的培训，大学生很刻苦。考试揭晓，他得了全班第三名。全班58人，前50名就可以拿到资格证。

拿到成绩单后，尽管很无奈，大学生还是硬着头皮找到那位处长。对方一见到他，不禁苦笑："你呀！怎么考了第三名呢，这叫我帮你不是，不帮你也不是！"大学生诚恳地说："那你就帮我吧！我肯定不会让你失望的！"望着小伙子不屈的眼神，处长终于感动了，他当即向部领导详细汇报了情况。就这样，司法部指示湖北破例为这个小伙子补办了手续。

拿到了"敲门砖"，正赶上湖北地区的公司纷纷上市，而上市必须向有关部门出具拥有证券资格的律师意见书。当时在湖北拥有资格的律师只有两个人，其中一个就是那位大学生。

小伙子抓住机遇，两年内，为全国15家公司上市立下了汗马功劳，赢得了他人生的第一桶金，成为武汉市第一个拥有高级轿车的大律师。

回首往事，他说："当初，我也以为拿到资格证是不可能的事，但我不愿放弃机会，机会也就不愿放弃我了！"

心灵感悟

只要有一点儿希望，就紧紧抓住不放，并且想方设法去实现它，这才是成功的人生需要的品质和行动。

只是多了一面镜子

刘伟在一个人口相对集中、上班族较多的黄金地段开了一个早点店，生意却并非他想象的那样兴隆。虽然上下班人流量大，但街上的小饭馆、早点店几乎一家挨着一家，刘伟的早点店因为没有特色，光顾的客人不多。

一天下午，结束了店里的工作后，刘伟决定收拾一下自己的鞋，以便舒服一些。无意间，他发现一个修鞋的小摊子生意非常好。来修鞋的人不

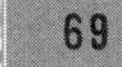

乏衣着光鲜的白领，甚至还有打扮入时的年轻女孩，有的人越过几个摊位也来这儿修鞋。刘伟怀着好奇心过去瞧了瞧，起初没发觉什么特别之处，那个摊子的主人修鞋技术并不见得比别人强。

经过仔细观察，刘伟发现，修鞋摊子旁边放了一面镜子！来这儿修鞋的人，在等待的时候，可以顺便通过镜子看看自己，整整仪容，爱美的女人还会拿出化妆盒来补补妆；穿上修好的鞋后，还可以在镜子前走动几步，看看是否影响形象。然后，才放心地离去，

就是这一面镜子吸引了顾客！刘伟猛然醒悟，大受启发，于是立即对自己的早点店重新进行了装修。

此后，在这里就餐的顾客都会发现，早点店除了服务周到、饭菜可口外，还在每个桌子上镶嵌了一面镜子，店里的各个角落也安装了大大小小、形式各异的镜子。除此而外，早点店还专门开辟了一间小屋子，安装了化妆用的镜子，还附带一个小水龙头。

刘伟的早点店在餐桌上安装了镜子后，立即赢得了顾客的喜欢，早餐用完后，妆也就化完了，顺便再用水龙头里的水漱漱口，不用浪费时间。所以，他的早点店每天早上都门庭若市，有的人甚至多跑一两条街也要来这儿用餐，有的人借着用餐的机会顺便看看自己当时的仪容……一位常客说："不知为什么，我一走进这个店里，就感觉眼前豁然开朗，照上一回镜子，就有了精神，然后我就可以神采奕奕地上班了。"

就这样，多了一面镜子，就让刘伟的早点店脱颖而出，吸引了更多的顾客，赢得了更多的效益。

心灵感悟

起步晚不怕，怕的是原地踏步、怨天尤人，只要敢于想、敢于创造，一样能够迎头赶上，甚至还会实现超越。关键在于有没有心能够发现问题，抓住改变的细节。

每天进步一点点

他是一个让很多老师都头疼的孩子。从小学到初中，他的成绩在班里

都是倒数。初中毕业后，他连一所高中也没考上。家人于是很无奈地把他送到了当地的一所私立学校。

交到私立学校的那一大把钞票都是从亲戚、邻居那里借来的。临走时，家人找到校长，希望校长能够帮孩子一把。

校长通过各种渠道了解到这孩子酷爱长跑。于是第二天早上，校长就出现在那条跑道上。他见到了这个孩子，还叫出了他的名字。孩子很是惊讶，从小到大，除了接受别人冷漠的目光，他还从来没有被哪个人——尤其这个看起来像老师模样的人关注过。他的心里涌起了一种很微妙的感动。

随着一个又一个星期过去了，校长每天都陪他跑步。一次跑步的时候，校长装作很不经意地说："孩子，我想给你提个小小的建议，如果一个月后你做到了，我就满足你一个愿望！——从今天开始，你能不能坚持坐在教室里？当然，只要不影响别人上课，你在教室里干什么都成。"

孩子很爽快地答应了。接下来的一个星期里，孩子真的都坐在了教室里。不过，他基本上也没怎么听课。

第二个星期，校长说："从今天开始，你是不是开始写点儿东西了？你想写什么就写什么。"

孩子想：就找一些自己喜欢的东西抄抄吧。

第三个星期，校长说："从今天开始，你可以找自己喜欢的学科听一听，顺便记一下笔记，好吗？"孩子就照着做了。

到第四个星期的时候，校长说："从今天开始，你试着去听听你不喜欢的课吧，其实有些东西也很有意思的。"

不知不觉中，孩子在一天天地变化着。唯一不变的，是他们每天早上的长跑。

终于到了满足孩子愿望的时候了。孩子此时已经知道，每天陪自己跑步的是校长。而且，他们一起跑步的情景让班里的同学很是羡慕。孩子就说想和校长照张相。校长说："这好办。不过我希望与你的第二张合影是你考上大学的时候。"

三年过去了，出乎很多人意料的是：这个孩子竟然以优异的成绩考上了某重点大学体育系！

这是一个真实的故事，它发生在河南郑州一所私立学校。

其实，一个孩子，不管他基础如何，只要每天进步一点点，就会有一种超乎我们想象的结果。

心灵感悟

每天进步一点点，会让我们充满力量。只要每天进步一点点，就没有人能够打败我们。《易经》上说“日新之谓盛德”，《尚书》上说“苟日新，日日新，又日新”，这些名言正是要告诉我们一个道理：一个每天都能够进步的人，是不会被打败的。失败者之所以失败，只是由于梦想一口吃成一个胖子，结果却忘记了踏踏实实地往前走。

怎样做好一盏灯

技师在退休时反复告诫自己的小徒弟：不管在何时，你都要少说话，多做事，凡是靠劳动吃饭的人，都得有一手过硬的本领。小徒弟听了连连点头。

10年后，小徒弟早已不再是徒弟了，他也成了技师。他找到师傅，苦着脸说：“师傅，我一直都是按照您的方法做的，不管做什么事，从不多说一句话，只知道埋头苦干，不但为工厂干了许多实事，也学得了一身好本领。可是，令我不明白的是，那些比我技术差的，比我资历少的都升职了加薪了，可我还是拿着过去的工资。”

师傅说：“你确信你在工厂的位置已经无人替代了吗？”他点了点头：“是的。”师傅说：“你是该到请一天假的时候了。”他不懂地问：“请一天假？”师傅说：“是的，不管你以什么理由都行，你一定得请一天假。因为一盏灯如果一直亮着，那么就没人会注意到它，只有熄上一次，才会引起别人的注意……”

他明白了师傅的意思，请了一天假。没想到，第二天上班时，厂长找到他，说要让他当全厂的总技师，还要给他加薪。原来，在他请假的那一天，厂长才发现，工厂是离不开他的，因为平时很多故障都是他去处理的，别人根本不会处理。

他很高兴，也暗暗在心里佩服师傅的高明。薪水提高了，他的日子也好过了。买车买房，娶妻生子。只要经济发生了危机，他便要请上一天假。每次请假后，厂长都会给他加薪。

究竟请了多少次假，他不记得了。就在他最后一次请假后准备去上班时，他被门卫拦在了门外。他去找厂长。厂长说：“你不用来上班了！”他苦恼地去找师傅：“师傅，我都是按您说的去做的啊。”

师傅说：“那天，我的话还没有说完呢，你就迫不及待地去请了假。要知道，一盏灯如果一直亮着，确实没人会注意到它，只有熄灭一次才会引起别人的注意，可是如果它总是熄灭，那么就会有被取代的危险，谁会需要一盏时亮时熄的灯呢？”

心灵感悟

一个人如果只顾着埋头苦干不懂得表现自己，就很可能得不到升职加薪的好处；但是也不能因此就急于表现自己，太急功近利，只顾着表现自己，又会忘了应该踏实地工作，投机取巧过了头，最终还是会断送了自己的前程。由此可见，仅靠辛勤工作、埋头苦干在职场上出人头地是行不通的，一个聪明的人不仅要善于做事，还要懂得适时表现——要在关键时刻抓住机遇，显露才华，才会很快脱颖而出。然而，凡事都讲究适度，如果太注重表现而忽略了充实内在实力，则是舍本逐末，取得的成就也难以长久。

一双鞋子，一双袜

圣诞节前夕，已经晚上11点多了，街上熙熙攘攘的人群稀疏了许多，偶尔还有匆匆忙忙往家赶的人，穿行在霓虹灯俯视下浓浓的节日氛围里。新的一年又要来了！

“感谢上帝，今天的生意真不错！”忙碌了一天的史密斯夫妇送走了最后一位来鞋店里购物的顾客后由衷地感叹道。透过通明的灯火，可以清晰地看到夫妻二人眉宇间那锁不住的激动与喜悦。是该打烊的时间了，史密斯夫人开始熟练地做着店内的清扫工作，史密斯先生则走向门口，准备去搬早晨卸下的门板。他突然在一个盛放着各式鞋子的玻璃橱前停了下来——透过玻璃，他发现了一双孩子的眼睛。

史密斯先生急忙走过去看个仔细：这是一个捡煤屑的穷小子，约摸八九岁光景，衣衫褴褛且很单薄，冻得通红的脚上穿着一双极不合适的大鞋子，满是煤灰的鞋子上早已“百孔千疮”。他看到史密斯先生走近了自己，目光便从橱子里做工精美的鞋子上移开，盯着这位鞋店老板，眼睛里饱含着一种莫名的希冀。史密斯先生连忙俯下身来和蔼地搭讪道：“圣诞快乐，我亲爱的孩子，请问我能帮你什么忙吗？”

男孩并不作声，眼睛又开始转向橱子里擦拭锃亮的鞋子，好半天才应道：“我在乞求上帝赐给我一双合适的鞋子，先生，您能帮我把这个愿望转告给他吗？我会感谢您的！”正在收拾东西的史密斯夫人这时也走了过来，她先是把这个孩子上下打量了一番，然后把丈夫拉到一边说：“这孩子蛮可怜的，还是答应他的要求吧？”史密斯先生却摇了摇头，不以为然地说：“不，他需要的不是一双鞋子，亲爱的，请你把橱子里最好的棉袜拿来一双，然后再端来一盆温水，好吗？”史密斯夫人满脸疑惑地走开了。

史密斯先生很快回到孩子身边，告诉男孩说：“恭喜你，孩子，我已经把你的想法告诉了上帝，马上就会有答案了。”孩子的脸上这时开始漾起兴奋的笑窝。

水端来了，史密斯先生搬了张小凳子示意孩子坐下，然后脱去男孩脚上那双布满尘垢的鞋子，他把男孩冻得发紫的双脚放进温水里，揉搓着，并语重心长地说：“孩子呀，真对不起，你要一双鞋子的要求，上帝没有答应你，他讲，不能给你一双鞋子，而应当给你一双袜子。”男孩脸上的笑容突然僵住了，失望的眼神充满不解。

史密斯先生急忙补充说：“别急，孩子，你听我把话说明白，我们每个人都会对心中的上帝有所乞求，但是，他不可能给予我们现成的好事，就像在我们生命的果园里，每个人都追求果实累累，但是上帝只能给我们一粒种子，只有把这粒种子播进土壤里，精心去呵护，它才能开出美丽的花朵，到了秋天才能收获丰硕的果实；也就像每个人都追求宝藏，但是上帝只能给我们一把铁锹或一张藏宝图，要想获得真正的宝藏还需要我们亲自去挖掘。关键是自己要坚信自己能办到，自信了，前途才会一片光明啊！就拿我来说吧，我在小时候也曾企求上帝赐予我一家鞋店，可上帝只给了我一套做鞋的工具，但我始终相信拿着这套工具并好好利用它，就能获得一切。二十多年过去了，我做过擦鞋童、学徒、修鞋匠、皮鞋设计师……现在，我不仅拥有了这条大街上最豪华的鞋店，而且拥有了一个美丽的妻子和幸福的家庭。孩子，你也是一样，只要你拿着这双袜子去寻找你梦想的鞋子，义无反顾，永不放弃，那么，肯定有一天，你也会成功的。另外，上帝还让我特别叮嘱你：他给你的东西比任何人都丰厚，只要你不怕失败，不怕付出！”

等脚洗好了，男孩若有所悟地从史密斯夫妇手中接过“上帝”赐予他的袜子，像是接住了一份使命，迈出了店门。他向前走了几步，又回头望了望这家鞋店，史密斯夫妇正向他挥手：“记住上帝的话，孩子！你会成功的，我们等着你的好消息！”男孩一边点着头，一边迈着轻快的步子消失在夜的深处。

一晃三十多年过去了，又是一个圣诞节，年逾古稀的史密斯夫妇早晨一开门，就收到了一封陌生人的来信，信中写道：

尊敬的先生和夫人：

您还记得三十多年前那个圣诞节前夜，那个捡煤屑的小伙子吗？他当时乞求上帝赐予他一双鞋子，但是上帝没有给他鞋子，而是别有用心地送了他一番比黄金还贵重的话和一双袜子。正是这样一双袜子激活了他生命的自信与不屈！这样的帮助比任何同情的施舍都重要，给人一双袜子，让他自己去寻找梦想的鞋子，这是你们的伟大智慧。衷心地感谢你们，善良而智慧的先生和夫人，他拿着你们给的袜子已经找到了对他而言最宝贵的鞋子——他当上了美国的第一位共和党总统。

我就是那个穷小子。

信末的署名是：亚伯拉罕·林肯！

心灵感悟

“授人以鱼不如授人以渔”。给对方一个馒头，也许能够解除他的饥饿，但是一个馒头显然是撑不了多久的。帮助别人，最好能提供给对方获得收获的方法，这样才能让对方真正站起来。

上帝睡着了

两个女儿都上了床。吉尔达5岁，安娜·玛丽娅3岁。两张小床紧挨

着。已经到了睡觉的时间，可是她们还想说点什么，想把白天遇到的新鲜事讲给对方听听。

吉尔达：“妹妹，睡吧，上帝已经躺下了。”

安娜·玛丽娅：“他不在床上睡，在天上睡。”

吉尔达：“不对！他在十字架上睡！”

小姑娘们说完就完了，随后便轻轻潜入凉爽的夜晚，像两条无忧无虑的小鱼游进平静的海水。她们刚刚来到这个纷纭繁杂世界，尚不了解随时可能遇到危险，不知道饿狼随时可能窜到跟前。

我弄不清楚她们是不是在做梦。她们也许正在异乡漫游，也许正在观赏自己的渊源，重新看到了出生以前的她们。是啊，随着年龄的增长，随着心地变恶，我们都忘记了童稚时期的纯真，而她们却与之近在咫尺。玩耍一天之后，她们累了，她们踏踏实实地睡着了，暂时进入死神的怀抱。两个小生灵睡得多么香甜……多么坦然……不了解她们的同类，不担心四伏的危险和遍布的陷阱。在她们看来，每一天都过得欢天喜地。虽然也开始意识到善与恶，难免有点不快或者缺憾，但这远不能跟成人的义务和痛苦相比。

她们睡着了吗？只消听听她们匀称的呼吸，看到她们偶尔在小床上翻个身，人们就会毫不怀疑她们感到自身安全，她们相信明天早晨醒来一切都会照旧：亲人们的面容、玩具的位置和即将开始的新的一天——这一天自然充满新意。

然而，谁要是听到她们合上眼之前这番关于上帝睡着了的交谈，一定会睡意全消，一连几个小时辗转反侧，心潮难平。成年了失去了心灵的纯真，被纷乱的人生压得喘不过气来，所以难以把灵魂暂时交到死神手中。他听到了孩子们关于床上、天上还是十字架上的争论，知道她们在这一点上完全一致：“上帝睡着了。”至于上帝究竟在哪里，两个小姑娘弄不清楚，但她们毫不犹豫地肯定，上帝睡着了，没有守夜，让世人自行其是。

成年人就寝了。孩子们的看法和他的怀疑不谋而合。自从感到人世间的孤独之后，他就开始产生这种怀疑。

很久以前，成年人就因为没有勇气否定万能的上帝的存在而开始思考：上帝似乎睡着了。看看周围发生的一切吧：人类铤而走险到了触目惊心的地步，相互间的冷酷和仇恨使坦诚的人际关系荡然无存。如果上帝没有睡着，他绝不会袖手旁观，默不做声。

上帝大概真的睡着了，大概真的沉入了梦乡，任凭万物互相残害——自己遭受苦难，也为同类制造苦难。

多么天真无邪："上帝在十字架上睡着了。"成年人早已意识到了这一点，所以听到这句话从孩子们嘴里说出来以后，都大吃一惊。如果上帝没有睡着，那么我们眼前的一切就太荒唐了：人们互不谅解，为非作歹者层出不穷。现代世界罪恶的奥秘就在于造物主进入了梦乡——两个孩子的话题出了真谛，足以让彻夜不眠的人惴惴不安，久久思索。

心灵感悟

成年人反复琢磨如何解释世界残酷的现实，而两个女孩却突然沉睡，睡梦中张开白色的翅膀，迎着时间之风飞翔，朝着她们出生的纯洁的渊源飞翔。

"劣势"、"优势"儿

有一个10岁的小男孩，在一次车祸中失去了左臂，但是他很想学柔道。

最终小男孩拜一位日本柔道大师做了师傅，开始学习柔道。他学得不错，可是练了三个月，师傅只教了他一招，小男孩有点弄不懂了。

他终于忍不住问老师："我是不是应该再学学其他招？"

师傅回答说："不错，你的确只会一招，但你只需要这一招就够了。"

小男孩并不是很明白，但他很相信师傅，于是就继续照着练了下去。

几个月后，师傅第一次带小男孩去参加比赛。小男孩自己都没有想到居然轻轻松松的赢了前两轮。第三轮稍微有点艰难，但是对手还是很快变得有些急躁，连连进攻，小男孩敏捷的施展出自己的那一招，又赢了。就这样小男孩迷迷瞪瞪地进入了决赛。

决赛的对手比小男孩高大，强壮许多，也似乎更有经验。小男孩显得有点招架不住，裁判担心小男孩会受伤，就叫了暂停，还打算就此终止比赛，然而师傅不答应，坚持说："继续下去。"

比赛重新开始后，对手放松了警惕，小男孩开始使出他的那一招，制伏了对手，由此赢得了比赛，得了冠军。

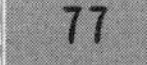

回家的路上，小男孩和师傅一起回顾了每场比赛的每一个细节，小男孩鼓起勇气道出了心理的疑问：“师傅，我怎么就凭着一招就赢得了冠军？”

师傅答道：“有两个原因：第一，你几乎掌握了柔道中最难得一招；第二，就我所知，对付这一招唯一的办法是对手抓住你的左臂。”

心灵感悟

其实有的时候，人的劣势未必就是劣势，可能反而成了优势。正如那位失去左臂的小男孩，虽然失去了左臂，在我们看来学习柔道是无论如何办不到的事情，但是由于那位柔道师傅能从孩子的实际出发，因材施教，所以小男孩最大的劣势变成了最大的优势。

一封迟拆的信

许多年前的一个晚上，我在纽约观看了萨洛米·贝的演唱会，当时萨洛米·贝还是一个新秀，这是她第一次开个人演唱会。我当时才刚刚尝试写作，于是和她联系做一个采访，准备写一篇文章投给畅销杂志《幽香》。

等采访结束后，我长舒了一口气，回到家里时有一种安全脱险的感觉。我开始写稿。在写作时，我头脑里不断响起一个声音：你不要自欺欺人，你没有写作经验，你的文章连小报都不会刊载，更不要说《幽香》这样的名杂志了！

我把自己关在家里整整7天，推掉了一切事务，终于整理出一篇采访稿。我将采访稿打印出来装进一个信封，又在里面塞进了一个贴了邮票并写上自己名字的空信封（这是当时的惯常做法，以便文章不采用时编辑退稿）。

3周后，我收到了《幽香》杂志寄来的信，信封是我自备的那个信封，里面装着我的稿子。我感到自己像被当众羞辱了一样。我后悔自己为什么不自量力。我还要在这条路上走下去吗？我毅然做了决定，没有看那些陈词滥调的退稿理由，而是将整封信丢进了抽屉，想尽快将这一切忘掉，重新选择我的事业。

5年后，我要搬到另一个城市接受一个推销的职位。搬家前，收拾房

间时，看到了一封写给我的信，我好奇地打开信封，这样，我看到了《幽香》杂志编辑写给我的信：普罗菲特女士：你写的有关萨洛米·贝的文章太精彩了。我们还需要加上一些别人曾经对她的评论。请补充后，立即将文章寄给我们，以便我们在下一期刊载。

我顿时怔住了。害怕失败的心理让我付出了不小的代价。我的心血白费了，更重要的是，这使我推迟了好多年才享受到写作的快乐。这以后，我经常告诫自己：害怕失败比失败本身更糟糕。

心灵感悟

害怕失败本身就是一种失败。很多时候，并不是失败真的难以避免，而是我们提前给自己写好了失败的结局。其实，成功有时候很简单，只要把屡战屡败的心态换成屡败屡战的积极进取、不懈努力就能够做到。一个人，只要有成功的心态，他就能处处发觉成功的力量。

美学家朱光潜说："正路并不一定是平坦大道，难免有些曲折和崎岖险阻，要绕一些弯，甚至难免误入歧途。"在经受了挫折后，我们能否从容面对挫折，并勇敢地喊出"再来一次"，这很重要。

梦想的价值

里基·亨利是在贫穷中长大的。他的梦想是当一位体育明星。当亨利16岁的时候，已经很精通棒球了，他能以每小时90英里的速度投出一个快球，并且能击中在橄榄球场上移动的任何东西。不仅如此，他还是非常幸运的：亨利高中的教练是奥利·贾维斯，他不仅对亨利充满信心，而且他还教会了亨利如何对自己也充满自信。他教亨利认识到拥有一个梦想和显示出信念是不同的。终于，在亨利和贾维斯教练之间发生了一件非常特殊的事情，并且永远地改变了亨利的一生。

那是在亨利高中三年级的那年夏天，一个朋友推荐他去打一份零工。这对亨利来说是一个难得的赚钱机会，它意味着他将会有钱去买一辆新自行车，添置一些新衣服，并且，他还可以开始攒些钱，将来能为妈妈买一所房子。想象着这份零工的诱人前景，亨利真想立即就接受这次难得的机会。

但是，亨利也意识到，为了保证打零工的时间，他将不得不放弃自己的棒球训练，那就意味着他将不得不告诉贾维斯教练自己不能够参加棒球比赛了。对此，亨利感到非常害怕，但他还是鼓足勇气，去找贾维斯教练，并决定把这件事情告诉教练。

当亨利把这件事告诉给贾维斯教练的时候，教练果然就像亨利早就料到的那样非常生气，“今后，你将有一生的时间来工作，”他注视着亨利，厉声说，“但是，你能够参加比赛的日子却能够有几天呢？那是非常有限的。你浪费不起呀！”

亨利低着头站在他的面前，绞尽脑汁地思考着如何才能向他解释清楚自己要给妈妈买一所房子以及自己是多么希望自己能够有钱的这个梦想，他真的不知道该如何面对教练那已经对自己失望的眼神。

“孩子，能告诉我你将要去干的这份工作能挣多少钱吗？”教练问道。

“一小时3.25美元。”亨利仍旧不敢抬头，嗫嚅着答道。

“啊，难道一个梦想的价格就值一小时3．25美元吗？”教练反问道。

这个问题，再简单、再清楚不过了，它明白无误地向亨利揭示了注重眼前得失与树立长远目标之间的不同。就在那年夏天，他全身心地投入体育运动之中去了，并且就在那一年，他被匹兹堡派尔若特棒球队选中了，签订了20000美元的协议。此外，他已经获得了亚利桑那大学的橄榄球奖学金，它使亨利获得了大学教育，并且，他在两次民众票选中当选为“全美橄榄球后卫”，还有在美国国家橄榄球联盟队员第一轮选拔中，亨利的总分名列第七。1984年，亨利和丹佛的野马队签订了170万美元的协议，终于圆了为妈妈买一所房子的梦想。

梦想只要能持久，就能成为现实。我们不就是生活在梦想中的吗？

不要把自己当作鼠，否则肯定被猫吃

1858年，瑞典的一个富豪人家生下了一个女儿。然而不久，孩子染患了一种无法解释的瘫痪症，丧失了走路的能力。一次，女孩和家人一起乘

船旅行。船长的太太给孩子讲船长有一只天堂鸟，她被这只鸟的描述迷住了，极想亲自看一看。于是保姆把孩子留在甲板上，自己去找船长。孩子耐不住性子等待，她要求船上的服务生立即带她去看天堂鸟。那服务生并不知道她的腿不能走路，而只顾带着她一道去看那只美丽的小鸟。奇迹发生了，孩子因为过度地渴望，竟忘我地拉住服务生的手，慢慢地走了起来。从此，孩子的病便痊愈了。女孩子长大后，又忘我地投入到文学创作中，最后成为第一位荣获诺贝尔文学奖的女性，也就是茜尔玛·拉格萝芙。

心灵感悟

忘我是走向成功的一条捷径，只有在这种环境中，人才会超越自身的束缚，释放出最大的能量。

成功并不像你想象的那么难

1965年，一位韩国学生到剑桥大学主修心理学。在喝下午茶的时候，他常到学校的咖啡厅或茶座听一些成功人士聊天。这些成功人士包括诺贝尔奖获得者，某一些领域的学术权威和一些创造了经济神话的人，这些人幽默风趣，举重若轻，把自己的成功都看得非常自然和顺理成章。时间长了，他发现，在国内时，他被一些成功人士欺骗了。那些人为了让正在创业的人知难而退，普遍把自己的创业艰辛夸大了，也就是说，他们在用自己的成功经历吓唬那些还没有取得成功的人。

作为心理系的学生，他认为很有必要对韩国成功人士的心态加以研究。1970年，他把《成功并不像你想象的那么难》作为毕业论文，提交给现代经济心理学的创始人威尔·布雷登教授。布雷登教授读后，大为惊喜，他认为这是个新发现，这种现象虽然在东方甚至在世界各地普遍存在，但此前还没有一个人大胆地提出来并加以研究。惊喜之余，他写信给他的剑桥校友——当时正坐在韩国政坛第一把交椅上的人——朴正熙。他在信中说："我不敢说这部著作对你有多大的帮助，但我敢肯定它比你的任何一个政令都能产生震动。"后来这本书果然伴随着韩国的经济起飞了。这本书鼓舞了许多人，因为他们从一个新的角度告诉人们，成功与“劳其筋骨，饿其体肤”、“三更灯火五更鸡”、“头悬梁，锥刺股”没有必然的联系。只要你对某一事业感兴趣，长久地坚持下去就会成功，因为上帝赋予你的时间和智慧够你圆满做完一件事情。后来，这位青年也获得了成功，他成了韩国泛业汽车公司的总裁。

心灵感悟

人世中的许多事，只要想做，都能做到，该克服的困难，也都能克服，用不着什么钢铁般的意志，更用不着什么技巧或谋略。只要一个人还在朴实而饶有兴趣地生活着，他终究会发现，造物主对世事的安排，都是水到渠成的。

并不是因为事情难我们不敢做，而是因为我们不敢做事情才难的。

想象5年后你最想要的是什么

我从杂志上看到一则非常感人的故事，是一个有关梦想的故事。

故事的主人公是休斯顿总署的太空梭实验室里的工作人员，他同时还在总署旁边的休斯顿大学主修电脑。纵然忙于学校睡眠与工作之间，这几乎占据了他一天24小时的全部时间，但中间要有多余的一分钟，他总是会把所有的精力放在他的音乐创作上。

写歌词不是他的专长，所以在这段日子里，他处处寻找一位善写歌词的搭档，与他一起合作创作。他认识了一位朋友，她的名字叫凡内芮。就是她在他事业的起步时，给了他最大的鼓励。

年仅19岁的凡内芮在得州的诗词比赛中，不知得过多少奖牌。她的写作总是让他爱不释手，当时他们的确合写了许多很好的作品，一直到今天，他仍然认为这些作品充满了特色与创意。

一个星期六的早上，凡内芮又热情地邀请他到她家的牧场烧烤。她的家族是德州有名的石油大亨，拥有庞大的牧场。她的家族虽然极为富有，但她的穿着、所开的车，与她谦诚待人的态度，更让他加倍打心底佩服她。凡内芮知道他对音乐的执著。然而，面对那遥远的音乐界及整个美国

陌生的唱片市场，他们一点渠道都没有。此时，他们两个人正在得州的乡下，他们哪知道下一步该如何走？突然间，她冒出一句话："想象你5年后在做什么？"

他愣了一下。

她转过身来，手指着他说："嘿，告诉我，你心目中'最希望'5年后的你在做什么，你那个时候的生活是一个什么样子？"他还没来得及回答，她又抢着说："别急，你先仔细想想，完全想好了，确定后再说出来。"他沉思了几分钟，开始告诉她："第一，5年后，我希望能有一张唱片在市场上，而这张唱片很受欢迎，可以得到许多人的肯定；第二，我住在一个有很多很多音乐的地方，能天天与一些世界一流的乐师一起工作。"

凡内芮说："你确定了吗？"

他慢腾腾地回答说："是的。"

凡内芮接着说："好，既然你确定了，我们就把这个目标倒算回来。如果第5年，你有一张唱片在市场上，那么你第4年一定是要跟一家唱片公司签上合约。"

"那么你的第3年一定是要有一个完整的作品，可以拿给很多很多的唱片公司听，对不对？"

"那么你的第2年，一定要有很棒的作品开始录音了。"

"那么你的第1年，就一定要把你所有要准备录音的作品全部编曲，排练就位准备好。"

"那么你的第6个月，就是要把那些没有完成的作品修饰好，然后让你自己可以逐一筛选。"

"那么你的第1个月，就是要把目前这几首曲子完工。"

"那么你的第一个礼拜，就是要先列出一整个清单，排出哪些曲子需要修改，哪些需要完工。"

"好了，我们现在不就已经知道你下个星期一要做什么了吗？"凡内芮笑笑说。

"喔，对了。你还说你5年后，要生活在一个有很多音乐的地方，然后与许多一流的乐师一起忙着工作，对吗？"她急忙补充说，"如果，你的第5年已经在与这些人一起工作，那么你的第4年按道理应该有自己的一个工作室或录音室。那么你的第3年，可能是先跟这个圈子里的人一起工作。那么你的第2年，应该不是住在得州，而是住在纽约或者是洛杉矶了。"

次年，他就辞掉了令许多人羡慕的太空总署的工作，离开了休斯顿，搬到了洛杉矶。

说也奇怪：不敢说是恰好5年，但大约可说是第6年。1983年，他的唱片在亚洲开始畅销起来，他一天24小时几乎全都忙着与一些顶尖的音乐高手日出日落地一起工作。

心灵感悟

当你对自己的生命经常问为什么会这样的时候，你不妨试问一下自己，你是否很清楚地知道自己要的是什么？如果连你自己要的是什么都不知道的话，那么爱你的亲人如何帮你安排呢？又岂能无端地怪亲人没有给你开路呢？

梦想皆有神助

他是一位匈牙利木材商的儿子，由于从小生得呆笨，人们都喊他“大头”，他也确实名副其实。9岁之前，除了因遵守秩序在学校里获得一枚玩具螺丝之外，并没有获得过什么奖励。

12岁时，他做了一个梦，梦到有位国王给他颁奖，因为他的作品被诺贝尔看上了。当是的他很想把这个梦告诉别人，但又怕人嘲笑，最后，只告诉了妈妈。

妈妈说：“假如这真是你的梦，你就有出息了！我曾听说，当上帝把一个不可能的梦放在谁的心中时，就是真心想帮助谁完成的。”

男孩从来没有听说过梦想和上帝有这层关系，妈妈说完，他就信以为真了。他想，他真是天下最幸福的人！世界那么大，上帝却一下子选中了自己。为了不辜负上帝的期望，从此他真的喜欢上了写作。

“倘若我经得起考验，上帝会来帮助我的！”他怀着这样的信念开始了他的写作生涯。3年过去了，上帝没有来；又3年过去了，上帝还是没有来。

就在他期盼上帝前来帮助他的时候，希特勒的部队却先来了。他作为犹太人，被送进了集中营，在那里，数百万人失去了生命，而他却靠着“生命就是顺从”的信念活下来。“我又可以从事我梦想的职业了！”他怀

着这种心情走出奥斯威辛集中营。

1965年，他终于写出了他的第一部小说《无法选择的命运》；1975年，他又写出他的另一部小说:《退稿》。接着他又写出一系列作品。

就在他不再关心上帝是否会帮助他时，瑞典皇家文学院宣布：把2002年的诺贝尔文学奖授予匈牙利作家凯泰斯·伊姆雷。他听到后，大吃一惊，因为这正是他的名字。

当人们让这位名不见经传的作家谈一谈他获奖后的感受时，他说：“没什么感受，我只知道，当你说我就喜欢做这件事、多困难我都不在乎时，上帝就会抽出身来帮助你！”

心灵感悟

梦想皆有神助！在21世纪里，伊姆雷成为第一们证明人。以后还肯定还有第二位、第三位，就藏在有梦想的人中间。那个人是不是读此故事的你呢？

梦想的价值

有一个住在贫民区的一所破房子的男孩。7个兄弟姐妹中，他特别瘦弱，时常感冒发烧。他似乎缺乏学习的天赋，学习成绩是7个孩子中最差的一个。有一天，他看到介绍有史以来最伟大的高尔夫运动员尼克劳斯的电视节目，他的心一下子被打动了：“我也要像尼克劳斯一样，当一个伟大的职业高尔夫运动员！”

他请求父亲给他买高尔夫球和球杆。父亲说：“孩子，我们家玩不起高尔夫球，那是富人们玩儿的。”他不依，吵着要。母亲抱着他，对父亲说：“我相信他，他一定会成为优秀的高尔夫球手。”说完，母亲转过头来，柔声说：“儿子，等你成为职业高尔夫球手后，就给妈妈买栋别墅，好吗？”他睁大眼睛，朝母亲重重地点了点头。

父亲给他做了一个球杆，然后在家门口的空地上挖了几个洞。他每天都用捡来的球玩上一会儿。

升入中学后，他遇到了后来改变他一生的体育老师里奇·费尔曼。费

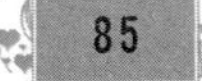

尔曼发现了这个黑人少年的天赋，于是建议他到高尔夫球俱乐部去练球，并帮他支付了1/3的费用。仅仅3个月，他就成了奥兰多市少年高尔夫球的冠军。

高中毕业后，他幸运地被斯坦福大学录取了。暑假期间，他的一个要好的同学来他家玩儿，说他有个哥哥所在的旅游公司有一艘豪华游轮正在招服务生，薪水很高，每周有500美元，问他是否有意去应聘。他动心了：家里仍然贫穷，自己应像个男人一样养家了。

过了几天，里奇·费尔曼来到他家，他已经帮人他联系到了一家高尔夫球俱乐部，准备带他去扬名。小伙子不好意思地告诉老师，他打算去工作了。里奇·费尔曼沉吟半晌，然后问他："我的孩子，你的梦想是什么？"

他愣了一下，似乎有些措手不及。过了好一会儿，他才红着脸说："当一个像尼克劳斯一样的高尔夫球运动员，挣很多钱，给母亲买一栋漂亮的别墅。"

里奇·费尔曼听完，对他说："你现在就去工作，那么，你的梦想呢？不错，你马上就可以每周挣到500美元，很了不起，但是，你的梦想就只值每周500美元吗？"

18岁的他被老师的话震惊了，他呆呆地坐在屋子里，心里反复默念着老师的话。那个假期，他自觉地投入到了训练中。在当年的全美业余高尔夫球大奖赛上，他成为该项赛事最年轻的冠军。

3年后，他成了一名职业高尔夫球手。

他是迄今为止最伟大的高尔夫球运动员，他正创造着高尔夫球的神话：1999年，他成为世界排名第一的高尔夫球手；2002年，他成为自1972年尼克劳斯之后连续获得美国大量赛事和美国分开赛冠军的首位选手。从1996年出道至今，他总共获得了39个冠军。

如今，他以1亿美元的年收入成为世界上年收入最高的体育明星之一。

他前后给母亲买了6栋别墅，位于不同的地方。他就是"老虎"伍兹。

心灵感悟

一个人应该尽自己最大的努力，挖掘自己所有的潜力来实现自己的梦想。努力可能会失败，但放弃则意味着永远不可能成功。请试着像伍兹一样为了梦想奔跑，也许有一天，你也能为自己的母亲买6栋别墅。

以苦为乐的巴尔扎克

巴尔扎克是法国现实主义作家的代表。巴尔扎克一生共完成了九十本长篇小说，平均每天工作十二小时以上。每天深夜十二点时，仆人就会叫醒他，他穿上白色修道服，立刻奋笔疾书。一般他会连续写五六个钟头，直到累到极点才会离桌休息。

巴尔扎克是举世公认的观察和剖析人性的高手，但在现实生活里，他却不太精明。在年轻时，他曾经商失败，欠下了六万法郎的债务。等他成名后，尽管收入不菲，但由于奢侈浪费，最后弄得入不敷出。在这段日子里，还发生一桩趣事。

有一天晚上巴尔扎克醒来，发觉有个小偷正在翻他的抽屉，他不禁哈哈大笑。小偷问道："你笑什么？"

巴尔扎克说："真好笑，我在白天翻了好久，连一毛钱也找不到，你在黑夜里还能找到什么呢？"

小偷自讨没趣，转身就要走。巴尔扎克笑着说："请你顺手把门关好。"

小偷说："你家徒四壁，关门干什么啊？"

巴尔扎克幽默地说："它不是用来防盗，而是用来挡风的。"

巴尔扎克曾自诩要超过拿破仑，"他的剑做不到的，我的笔能完成。"他的确做到了，可惜他只活了50岁，留下许多未完成的作品，成为全人类巨大的损失。

心灵感悟

巴尔扎克曾自诩要超过拿破仑，"他的剑做不到的，我的笔能完成。"他的确做到了。巴尔扎克成功的例子又一次生动的说明了生活是一种心态。

希望在前

有一个人不小心掉到河里去了，水流湍急，他被水冲得不知所措，只

好顺流而下。他拼命地在水中乱抓，希望能抓住什么东西来救自己一命，但是手里抓到的出除了水之外，连根水草都捞不着！

他心里想："这下完了，没救了！"就这样想着，他身上也就没有力气了，他停止了挣扎，向下沉去。

忽然，他想起在不远处的河岸边有一棵树，有些树枝一直伸到河水里面，他可以抱住那棵树……希望之火又在他心中重新燃起来。于是他使出浑身力气挣扎到那棵树的旁边。可是伸到河里的那一截树枝早已枯死了，他刚一拽住树枝，就听到"咔嚓"一声，树枝断了……

就在这时，有位樵夫及时赶到，将他从河中救了上来。事后他说："要不是心中想着那截树枝，我根本等不到有人来救我！"

还有一则类似的故事。说的是一位独行者在大漠中迷失了方向，最后他身上只剩下一个梨。他惊喜地喊道："太好了，我还有一个梨，它能救我的命！"

他把那个梨紧紧地握在手中，继续在大漠里行走。他望着茫茫无际的大沙漠，很多次对自己说："吃一口吧！口渴得实在难受。"可是转念一想："还是留到最干渴的时候吧！"

于是他顶着炎炎烈日，继续艰难地跋涉。就这样一直坚持了三天，终于走出了大漠。他久久地凝视着手中的那个梨子，它早已经干了，可是他还是把它当宝贝似的攥在手里，就是这一个梨给了他无穷的希望和勇气，他才能走出大漠，挽救自己。

心灵感悟

精神和信念的力量是无穷的，只要心中没有绝望，死神也会望而却步。

最坏的结果

有一位朋友做保险推销员，做得很成功，问她有什么秘诀，她告诉我，她们接受了一位行销训练的培训。训练师要求推销员想象自己正站在即将拜访的客户门外。

训练师："请问，你现在在哪里？"

推销员："我正站在客户家的门外。"

训练师："很好！那么，接下来，你想到哪里去呢？"

推销员："我想进入这位客户的家中。"

训练师："当你进入客户家里之后，你想想看，最坏的情形会是怎样呢？"

推销员："最坏的情形，大概是被客户赶出来吧。"

训练师："被赶出来后，你又会站在哪里呢？"

推销员："就还是站在客户家的门外啊。"

训练师："很好，那不就是你现在所站的位置吗？最坏的结果，不过是回到原处，又有什么可恐惧的呢？"

心灵感悟

只要有1%的希望，我都会做100%努力。失败了又怎样呢？最坏的结果不过是退回到原处，我并没有损失什么，相反还增加了不少工作经验和人生体验，一切只不过从头再来。

上帝只给他一只老鼠

一对穷困潦倒的年轻夫妇来到公园，坐在长椅上思考出路。因为付不起房租，他们被房东赶了出来。"今后该怎么办呢？"两人左思右想均无良策。

这时，从他们简陋的行李里忽然伸出一个小脑袋，那是他们平时最喜欢逗弄的一只小老鼠。想不到这只小东西竟跑进他们唯一的行李里面，跟着一起搬出了公寓。

小老鼠滑稽的面孔，迷人的眼睛，可爱的样子，逗得夫妻俩忘记了现实的烦恼。

太阳开始西下，夜幕即将降临。这时，年轻人忽然想到了一个前所未有的创意，他惊喜地嚷道："对啦，世界上像我们这样穷困潦倒的人一定很多，让这些可怜的人们，也看看米老鼠的可爱面孔吧！"

他的眼前出现一幕幕动人的奇景：小老鼠们为了填饱肚子辛勤劳动，为了战胜更大的敌人团结互助，它们甚至快活地跳舞，甜蜜地恋爱……

这位年轻的画家就是后来美国最负盛名的人物之一——才华横溢的沃

特·迪斯尼。

穷困潦倒中的迪斯尼充分运用想象力，创造了活泼可爱的Mickey Mouse。自大、爱恶作剧的、又热心解决问题的米老鼠成了美国经济大萧条时期的精神象征。

1923年，迪斯尼和他的哥哥罗恩凑齐了3200美元重新创业，成立“迪斯尼兄弟动画制作公司”，这就是今天迪斯尼娱乐帝国的真正开始。1929~1932年，有100多万美国儿童加入“米奇俱乐部”，在当年的经济大萧条中，给美国儿童带来了无穷快乐。

1934年，迪斯尼将童话故事《白雪公主》改编制作成动画电影。当时，几乎所有人都反对他，因为要花费50万美元，这在当时是一个天文数字！沃尔特坚定地聘请了300多位艺术家来帮他完成这项“不可能的任务”。1937年12月21日，《白雪公主》问世，给沃特带来的是一个家喻户晓的卡通人物和10倍的投资回报率。

迪斯尼不断挑战的劲头被很好地继承下来。1955年，迪斯尼把动画片所运用的色彩、刺激、魔幻等表现手法与游乐园的功能相结合，推出了世界上第一个现代意义上的主题公园——洛杉矶迪斯尼乐园。1971年，迪斯尼公司又在美国本土建成了占地130平方公里，7个风格迥异的主题公园、6个高尔夫俱乐部和6个主题酒店组成的奥兰多迪斯尼世界。1983年和1992年，迪斯尼以出卖专利等方式，分别在日本东京、法国巴黎建成了两个大型迪斯尼主题公园。至此，迪斯尼成为世界上主题公园行业内巨无霸级跨国公司。

心灵感悟

上帝给谁的都不会太多。沃特·迪斯尼只得到了一只老鼠，可是他成功了！所以，重要的不是上帝给了什么，而是有没有好好发挥上帝赐予的机会。

美国国务卿赖斯的成功秘诀

美国女国务卿赖斯的奋斗史颇有传奇色彩，短短二十多年，她就从一

个备受歧视的黑人女孩成为著名外交官，奇迹般地完成了从丑小鸭到白天鹅的嬗变。当有人问起她成功秘诀的时候，她简明扼要地说，因为我付出了超出常人八倍的辛劳！

赖斯小时候，美国的种族歧视还很严重。特别是在她生活的城市伯明翰，黑人的地位非常低下，处处受到白人的歧视和欺压。

赖斯10岁那年，全家人来到首都纽约观光游览。就因为黑色皮肤，他们全家被挡在了白宫门外，不能像其他人那样走进去参观！小赖斯备感羞辱，咬紧牙关注视着白宫，然后转身一字一顿地告诉爸爸："总有一天，我会成为那房子的主人！"

赖斯父母十分赞赏女儿的勇敢志向，经常告诫她："要想改善咱们黑人的状况，最好的办法就是取得超人的成就。如果你拿出双倍的劲头往前冲，或许能获得白人的一半地位；如果你愿意付出四倍的辛劳，就可以跟白人并驾齐驱；如果你能够付出八倍的辛劳，就一定能赶到白人的前头！"

为了实现"赶在白人的前头"这一目标，赖斯数十年如一日，以超出他人八倍的辛劳辛劳发奋学习，积累知识，增长才干。普通美国白人只会讲英语，她则除母语外还精通俄语、法语和西班牙语；白人大多只是在一般大学学习，她则考进了美国名校丹佛大学并获得博士学位；普通美国白人26岁可能研究生还没读完，她已经是斯坦福大学最年轻的女教授，随后还出任了这所大学最年轻的教务长。普通美国白人大多不会弹钢琴，可她不仅精于此道，而且还曾获得美国青少年钢琴大赛第一名；此外，赖斯还用心学习了网球、花样滑冰、芭蕾舞、礼仪训练等运动项目。凡是白人能做的，她都要尽力去做；白人做不到的，她也要努力做到。最重要的是，普通美国白人可能只知道遥远的俄罗斯是一个寒冷的国家，她却是美国国内数一数二的俄罗斯武器控制问题的权威。天道酬勤，"八倍的辛劳"带来了"八倍的成就"，她终于脱颖而出，一飞冲天。

心灵感悟

人生在世，我们都渴望建功立业，也希望参与公平竞争，但事实上，世界上真正的公平竞争很少，总有这样那样的非公平因素在其中作梗捣乱。那么，要想在竞争中获胜，又不搞邪门歪道，那就只有笨鸟先飞，锲而不舍，靠比别人花费更多的时间和精力，像赖斯那样，付出比别人

多“八倍的辛劳”，以无可争议的优势来取胜。有耕耘就有收获，一个急切渴望成功却又总与成功无缘的人，无须怨天尤人，不妨先问问自己：你是否付出了“八倍的辛劳”？

一粒白色的金盏花种子

当年，美国一家报纸曾刊登了一则关于园艺所重金征求纯白金盏花的启事，在当地曾引起一时轰动。高额的资金让许多人趋之若鹜，但在千姿百态的自然界中，金盏花除了金色的就是棕色的。要培养出白色的，不是一件易事。所以许多人一阵热血沸腾之后，就把那则启事抛到九霄云外去了。

一晃就是20年，一天，那家园艺所意外地收到了一封热情的应征信和1粒纯白金盏花的种子。当天，这件事就不胫而走，引起轩然大波。

寄种子的原来是一位年已古稀的老人。老人是一个地地道道的爱花人。当她20年前偶然看到了那则启事后，便怦然心动。她不顾八个儿女的一致反对，义无反顾地干了下去。她撒下了一些最普通的种子，精心侍弄。一年之后，金盏花开了，她从那些金色的棕色的花中挑选了一朵颜色最淡的，任其自然枯萎，得到最好的种子。次年，她又把它种下去。然后，再从这些花中筛选出颜色更淡的花的种子栽种……日复一日，年复一年。终于，在我们今天都知道的那个20年后的一天，她在那片花园中看到了一朵金盏花，它不是近乎白色，也并非类似白色，而是如银如雪的白。一个连专家都解决不了的问题，在一个不懂遗传学的老人手中迎刃而解，这是奇迹吗？

心灵感悟

当年曾经那么普通的一粒种子啊，也许谁的手都曾捧过。捧过那样一粒再普通不过的种子，只是少了一份对希望之花的坚持与捍卫，少了一份以心为圃，以血为泉的培植与浇灌，才使它的生命错过了一次最美丽的花期。

瞎子的秘方

从前，有这么一则故事，一老一少相依为命的两个瞎子，每日靠街头弹琴卖艺为生。一天，老瞎子终于支撑不住，病倒了，他自知不久将离开人世，便把小瞎子叫到床头，紧紧拉着小瞎子的手，吃力地说："孩子，我这里有个秘方，这个秘方可以使你得见光明。我把它藏在琴盒里面了，但你千万要记住，你必须在弹断第一千根琴弦时才能把它取出来，否则，你是不会看见光明的。"小瞎子流泪答应了师父。老瞎子含笑离去。

一天又一天，一年又一年，小瞎子用心记着师父的遗嘱，不停地弹啊弹啊，将一根根弹断的琴弦收藏着，铭记在心。当他弹断第一千根琴弦的时候，当年弱不禁风的小瞎子已到了垂暮之年，变成一位饱经沧桑的老者。他按捺不住内心的喜悦，双手颤抖着，慢慢地打开琴盒，取出秘方。

然而，别人告诉他，那是一张白纸，上面什么都没有。泪水滴落在纸上，他笑了。

老瞎子骗了小瞎子？

小瞎子如今变成了老瞎子，拿着一张什么都没有的白纸，为什么反倒笑了？

就在拿出"秘方"的那一瞬间，他突然明白了师父的良苦用心，虽然是一张白纸，却是一个没有写字的秘方，一个难以窃取的秘方。只有他，从小到老弹断一千根琴弦后，才能了悟这个无字秘方的真谛。

心灵感悟

那秘方就是一束希望之光，是在漫漫无边的黑暗摸索与苦难煎熬中，师父为他点燃的一盏希望之灯。倘若没有它，他或许早就会被黑暗吞没，或许早就已在苦难中倒下。就是因为有这么一盏希望之灯的支撑，他才坚持弹断了一千根弦。他渴望见到光明，并坚定不移地相信，黑暗不是永远，只要永不放弃努力，黑暗过去，就会是无限光明。

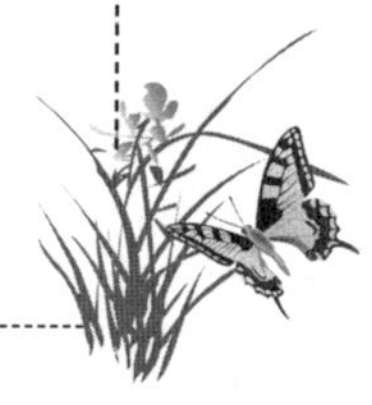

生之喜悦

美国西海岸的边境城市圣迭戈的一家医院里，长年住着因外伤全身瘫痪的威廉·马修。当阳光从朝南的窗口射入病房时，马修开始迎接来自身体不同部位的痛楚的袭击——病痛总是早上光临。在将近一个小时的折磨中，马修不能翻身，不能擦汗，甚至不能流泪，他的泪腺由于药物的副作用而萎缩。

年轻的女护士为马修所经受的痛苦以手掩面，不敢正视。马修说："钻心的刺痛难忍，但我还是感激它——痛楚让我感到我还活着。"

马修住院的头几年，身体没有任何感觉，没有舒适感也没有痛楚感。在医生的精心治疗下，有一部分神经已经再生，每天早上向中枢神经发出"痛"的信号。

在痛楚中发现喜悦，这在一般人看来简直是荒唐。但置身于马修的处境，就知道这种特定的痛楚不仅给他带来了喜悦，而且带来了希望。当然一个重要前提在于，马修是一个意志坚强的人。

过去马修经历过无数个没有任何知觉的日夜。如果说，痛楚感是一处断壁残垣的话，无知觉则是一块死寂的沙漠。痛楚感使马修体验到了"存在"。从某种意义上说，这甚至是一种价值体现——医疗价值与康复价值的体现。当然，马修不是病态的自虐狂，他把痛楚作为契机，进而康复，享受到正常人享有的所有感受。谁也不能保证可怜的马修能获得这一天，但他和医生一起朝这个方向努力，因而他盼望痛楚会在第二天早晨如期到来。

心灵感悟

希望是生命的源泉。失去它，生命就会枯竭。置身于特殊境遇，痛楚也是一种喜悦，也是一个希望。

执著的母亲

图尔是1981年普立兹小说奖的得主，而他的得奖作品《傻子聪明》却完成于1969年。

为什么隔了这么久他的作品才获奖呢？因为图尔在1969年完成了他唯一一篇长篇小说《傻子联盟》后四处投稿，却总是一再被退回，在经历了一连串的拒绝后，图尔绝望的在32岁那年饮弹自尽，放弃了他的追求。

然而，图尔70多岁的母亲在他死后，却依然相信他的儿子是个天才，不断地拿着《傻子聪明》和出版社联络，希望能找到伯乐，虽然一直面临不断被拒绝和退稿的命运，但始终不改她的信念。

在连续被八九家出版社拒绝后，最后被著名的小说家赏识而介绍到路易斯安纳出版社，于1980年出版。

小说一出版就引起轰动，并在隔年获得普立兹小说奖，而这对图尔而言无疑是最高的荣誉和肯定。

心灵感悟

没有不成功的人，只有放弃成功、无法坚持到成功来临的人。有多少人在与成功仅一墙之隔时放弃希望，坐看日落不再进取！他觉得经历了太多的辛苦，他以为已经山穷水尽，他以为成功不会来临，他在成功的前夕以一个失败者的姿态没落下来，他选择了接受失败的结果而放弃了成功的希望。

面对拒绝要多动脑筋

一位刚毕业的女大学生到一家公司应聘财务会计工作，面试时即遭到拒绝，因为她太年轻，公司需要的是有丰富工作经验的资深会计人员。女大学生却没有气馁，一再坚持。她对主考官说："请再给我一次机会，让我参加完笔试。"主考官拗不过她，答应了她的请求。结果，她通过了笔试，由人事经理亲自复试。

人事经理对这位女大学生颇有好感，因她的笔试成绩最好。不过，女孩的话让经理有些失望，她说自己没工作过，唯一的经验是在学校掌管过学生会财务。他们不愿意找一个没有工作经验的人做财务会计。人事经理只好敷衍道："今天就到这里，如有消息我会打电话通知你。"

女孩从座位上站起来，向人事经理点点头，从口袋里掏出一美元双手递给人事经理："不管是否录取，请都给我打个电话。"

人事经理从未见过这种情况，竟一下子呆住了。不过他很快回过神来，问："你怎么知道我不给没有录用的人打电话？"

"您刚才说有消息就打，那言下之意就是没录取就不打了。"

人事经理对这个年轻女孩产生了浓厚的兴趣，问："假如你没被录用，我打电话，你想知道些什么呢？"

"请告诉我，在什么地方不能达到你们的要求，我在哪方面不够好，我好改进。"

"那一美元……"

没等人事经理说完，女孩微笑着解释道："给没有被录用的人打电话不属于公司的正常开支，所以由我付电话费，请你一定打。"

人事经理马上微笑着说："请你把一美元收回。我不会打电话了，我现在就正式通知你，你被录用了。"

就这样，女孩用一美元敲开了机遇大门。

心灵感悟

面对失败永不放弃的人，就是成功的下一个。一美元折射出女孩良好的素质和高尚的人品。而人品和素质有时比资历和经验更为重要。在求职的时候，与其为自己的资历所遗憾，不如多动脑筋使自己显得与众不同，引起招聘者的兴趣。

第四篇

改变，感受不一样的力量

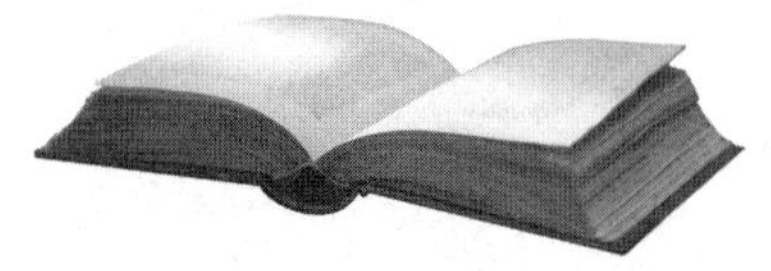

当你不能改变别的东西的时候，你就得学会改变自己。每个人身上都蕴藏着一股力量，能改变人生的每一个层面。然而那股力量何在？我们要如何去支配？

我们都知道，唯有采取新的行动，才会产生新结果，而在采取任何行动之前，我们必得作出一个决定：改变的力量源自于决定。

需要强调的是，虽然我们无法完全掌控人生中发生的各种事情，却可以决定要怎么去想、去相信、去感受和去面对。

飞行员的心理测试

二次大战时，美国军方委托著名的心理学家桂尔福研发一套心理测试，来进行挑选飞行员。结果很惨，通过这套测试的飞行员，训练时成绩表现都很优秀。可是一上战场，就被击落，死亡率非常高。

桂尔福在检讨问题时，发现那些身经百战打不死的飞行员，多半是由退役的“老鸟”挑选出来的。他非常纳闷，为什么专业精密的心理测试，却比不上“老鸟”的直觉呢？其问题出在哪儿？

桂尔福向一个“老鸟”请教，“老鸟”说：“不如你和我一起挑几个小伙子看看？”

第一个年轻人推门进来，“小伙子，如果德国人发现你的飞机，高射炮打上来，你怎么办？”“老鸟”发出第一个问题。

“把飞机飞到更高的高度。”“你怎么知道的？”“作战手册上写的，这是标准答案啊，对不？”第一个菜鸟走出去后，进来第二个菜鸟。“老鸟”问了同样的问题，“呃，找片云堆，躲进去。”

“如果没有云呢？”

“向下俯冲，跟他们拼了！”

“作战手册你都没看？”

“作战手册我看了。但太厚，有些记不清。”

等菜鸟走出门，“老鸟”转过身来问桂尔福：“教授，如果是你决定，你要挑哪一个？”

“嗯，我想听听你的意见。”

“我会把第一个刷掉，挑第二个。”“老鸟”说。

“为什么？”

“没错，第一个答的是标准答案，但是，我们知道标准答案，德国人不知道吗？所以德军一定故意在低的地方打一波，引诱你把飞机拉高，然后真正的火网就在高处等着你。这样你不死，谁死？”

“第二个家伙，虽然有点搞笑，但是，越是不按牌理出牌的小子，他的随机应变能力反而越好。”

桂尔福经此教训，重新改造他的测试。新的测试就会问“如果你有一块砖头，请说出50种不同的用途”等此类激发创意的问题。桂尔福不仅为美国选出真正优秀的飞行员，也因此创造了“创意测试”，成为现代创意活动之父。

心灵感悟

战场是瞬息万变的，必须具备随时应变的能力才有可能成为最后的胜利者。其实人生何尝不是如此，情况总是在不断发生变化的，所以，最重要的是随机而动，而不是教条主义。

换一个思路

一个犹太人走进纽约的一家银行，来到贷款部，大模大样地坐下来。

“请问先生有什么事情吗？”贷款部经理一边问，一边打量着来人的穿着：豪华的西服、高级皮鞋、昂贵的手表，还有镶宝石的领带夹子。

“我想借些钱。”

“好啊，你要借多少？”

“1美元。”

“只需要1美元？”

“不错，只借1美元。可以吗？”

“当然可以，只要有担保，再多点也无妨。”

“好吧，这些担保可以吗？”

犹太人说着，从豪华的皮包里取出一堆股票、国债等，放在经理的写字台上。

“总共50万美元，够了吧？”

“当然，当然！不过，你真的只要借1美元吗？”

“是的。”说着，犹太人接过了1美元。

“年息为6%。只要您付出6%的利息，一年后归还，我们可以把这些股票还给你。”

“谢谢。”

犹太人说完，就准备离开银行。

一直在旁边冷眼观看的分行长，怎么也弄不明白，拥有50万美元的人，怎么会来银行借1美元？他慌慌慌张张地追上前去，对犹太人说："啊，这位先生……"

"有什么事情吗？""我实在弄不清楚，你拥有50万美元，为什么只借1美元？要是你想借三四十万美元的话，我们也会很乐意的……"

"请不必为我操心。只是我来贵行之前，问过了几家银行，它们保险箱的租金都很昂贵。所以嘛，我就准备在贵行寄存这些股票。租金实在太便宜了，一年只需要花6美分。"

心灵感悟

贵重物品的寄存按常理应放在金库的保险箱里，对许多人来说，这是唯一的选择。但犹太商人没有困于常理，而是另辟蹊径。从可靠、保险的角度来看，两者确实是没有多大区别的，除了收费不同。能够钻这个"空子"，转换思路思考问题，这就是犹太人在思维方式上的"精明"。善于转换思路思考问题，经常能获得更多的成功的机会。

发现财富的眼光

菲勒出生在一个贫民窟里，他和很多出生在贫民窟里的孩子一样争强好胜，也喜欢逃学。与众不同的是，菲勒从小就有一种发现财富的超人眼光。他把一辆从街上拾来的玩具车修好，让同学们玩，然后每人收取0.5美分。在一个星期内，他竟然赚回一辆崭新的玩具车的钱。

菲勒的老师深感惋惜地的对他说："如果你出生在富人的家庭，你会成为一个出色的商人。但是，这对你来说已是不可能的事了，你能成为街头商贩就不错了。"

中学毕业后，菲勒正如他老师所说的那样，成了一名小商贩。他卖过电池、小五金、柠檬水，每一样都经营得得心应手。与贫民窟的同龄人相比，他已经可以算是出人头地了。

但老师的预言也不全对，菲勒靠一批丝绸起家，从小商贩一跃而成为商人。那批丝绸来自日本，数量足有1吨之多，因为在轮船运输当中遭遇风暴，这些丝绸被浸染了。如何处理这些被浸染的丝绸，成了日本人非常头痛的事情。他们想卖掉，却无人问津；想运出港口扔了，又怕被环境部门处罚。于是，日本人打算在回程的路上把丝绸抛到大海里。

港口有一个地下酒吧，菲勒经常到那里喝酒。那天，他喝醉了。当他步履蹒跚地走过几位日本海员身边时，海员们正与酒吧的服务员说那些令人讨厌的丝绸。说者无心，听者有意，他感到机会来了。第二天，菲勒来到轮船上，用手指着停在港口的一辆卡车对船长说："我可以帮你们把这些没用的丝绸处理掉。"结果，他没花任何代价便拥有了这些被染料浸过的丝绸。然后，他用这些丝绸制成迷彩服装、迷彩领带和迷彩帽子。几乎一夜之间，他拥有了10万美元的财富。

有一天，菲勒在郊外看上了一块地。他找到地皮的主人，说他愿意用10万美元买下来。地皮的主人拿到10万美元后，心里还嘲笑他："这样偏僻的地段，只有傻子才会出这么高的价钱！"

令人料想不到的是，一年后，市政府宣布在郊外建环城公路。不久，菲勒的地皮升值了150倍。城里的一位富豪找到他，愿意出2000万美元购买他的地皮，富豪想在这里建造别墅群。但是，菲勒没有出卖他的地皮，他笑着对富豪说："我还想等等，国为我觉得这块地皮应该值得更多。"果然不出菲勒所料，3年后，那块地卖了2500万美元。

他的同行很想知道当初他是如何获得那些信息的，他们甚至怀疑他和市政府的官员有来往。但结果令他们非常失望，菲勒没有一位在市政府任职的朋友。

菲勒活了77岁，临死前，他让秘书在报纸上发布了一条消息，说他即将去天堂，愿意给失去亲人的人带口信，每人收费100美元。这一看似乎是荒唐的消息。引起了无数人的好奇心，结果他赚了10万美元。如果他能在病床上多坚持几天，赚得还会更多。

他的遗嘱也十分特别，他让秘书登了一则广告，说他是一位绅士，愿意和一位有教养的女士同卧一个墓穴。结果，一位贵妇人愿意出5万美元和他一起长眠。

心灵感悟

菲勒的发迹和致富，在许多人的眼中一直是个谜。他那别具匠心的

碑文，也许概括了他不断在平凡中发现奇迹的传奇一生，也许能帮助不少人解开他发迹和致富之谜：“我们身边并不缺少财富，而是缺少发现财富的梦想和眼光。”

一美元购买一辆豪华轿车

美国的一家报纸上刊登了这么一则广告：“一美元购买一辆豪华轿车”

当哈利看到这则广告时半信半疑：“今天不是愚人节啊！”但是，他还是揣着一美元，按着报纸上提供的地址找了去。

在一栋非常漂亮的别墅前面，哈利敲开了门。

一位高贵的少妇为他打开门，问明来意后，少妇把哈利领到车库，指着一辆崭新的豪华轿车说：“喏，就是它了。”

哈利脑子里闪过的第一个念头就是：“是坏车。”他说：“太太，我可以试试车吗？”

“当然可以！”于是哈利开着车兜了一圈，一切正常。

“这辆车不是赃物吧？”哈利要求验看车照，少妇拿给他看了。

于是哈利付了一美元。当他开车要离开的时候，仍百思不得其解。他说：“太太，您能不能告诉我这是为什么吗？”

少妇叹了一口气，说：“唉，实话跟您说吧，这是我丈夫的遗物。他把所有的遗产都留给了我，只有这辆轿车，是属于他那个情妇的。但是，他在遗嘱里把这辆车的转卖权交给了我，所卖的款项交给他的情妇——于是，我决定卖掉它，一美元即可。

哈利这才恍然大悟，他开着轿车高高兴兴地回家了。路上，哈利碰到了他的朋友汤姆。汤姆好奇地问起轿车的来历。等哈利说完，汤姆一下子瘫倒在了地上：“啊，上帝，一周前我就看到这则广告了！”

心灵感悟

什么事都有可能发生。那些连奇迹都不敢相信的人，怎么能获得奇迹呢！

当一块石头有了愿望

一位名叫薛瓦勒的乡村邮差每天徒步走在乡村之间。有一天，他在崎岖的山路上被一块石头绊倒了。

他起身，拍拍身上的尘土，准备再走。可是他突然发现绊倒他的那块石头的样子十分奇异。他拾起那块石头，左看看右看看，便有些爱不释手了。

于是，他把那块石头放在了自己的邮包里，村子里的人看到他的邮包里出除了信之外，还有一块沉重的石头，感到很奇怪，人们好意地劝他："把它扔了，你每天要走那么多路，这可是个不小的负担。"

他回家后疲惫地睡在床上，突然产生了一个念头，如果用如此美丽的石头建造一座城堡，那将会多么迷人！于是，他每天在送信的途中寻找石头，每天总是带回一块。不久，他便积攒了一大堆奇形怪状的石头，但建造城堡还远远不够。

于是，他开始推着独轮车送信，只要发现他中意的石头都会往独轮车上装。

从此以后，他再也没有过一天安乐的日子。白天他是一个邮差和和个运送石头的搬运工，晚上他又是一个建筑师。他按照自己天马行空的思维来垒造自己的城堡。

对于他的行为，所有的人都感到不可思议，认为他的神经出了问题。

20多年的时间里，他不停地寻找石头，运输石头，堆积石头。在他的偏僻住处，出现了诸多错落有致的城堡，当地人都知道有这样一个性格偏执、沉默不语的邮差，在干一些如同小孩筑沙堡的游戏。

1905年，法国一家报纸的记者偶然发现了这群低矮的城堡。这里的风景和城堡的建筑格局令他叹为观止。他为此写了一篇介绍薛瓦勒的文章。文章刊出后，薛瓦勒迅速成为新闻人物。许多人都慕名来参观城堡，连当时最有声望的毕加索也专程参观了薛瓦勒的建筑。

现在，这个城堡成为法国最著名的风景旅游点，它的名字就叫做"邮差薛瓦勒的建筑"。

心灵感悟

不怕做不到，就怕想不到。如果连一块石头都有了建造一座城堡的愿望，那么没有什么能够阻止它实现这个愿望。

一个关于想成为一只狗的理想

难得回一趟老家，我到曾经读过四年书的金盆小学看望年迈的启蒙老师。晚上与老师东拉西扯地闲聊。聊着聊着，就随手翻看起桌上的一沓作文本来。老师说，孩子不多，整个二年级才一个班，共24个学生。

在乡下学校，二年级的孩子刚学习写作文。作文本上的作文都很短，大多干巴巴的一页就完事。乡下孩子终究不比城市孩子，想象力极其匮乏，那些苍白的文字实在无味，但我翻着翻着，不经意间就停下来开始仔细读一篇《我的理想》。

粗糙的格子本上写道："阿爹还没走（当地称人死为'走'）的时候，他对我说，你要好好学习，天天向上，长大做个科学家；阿妈却要我长大后做个公安（人员），说这样啥都不用怕。我不想当科学家，也不想当公安。我的理想是变成一只狗，天天夜里守在家门口。因为阿妈胆小，怕鬼，我也怕。但阿妈说，狗不怕鬼，所以我要做一只狗，这样阿妈和我就都不用怕了……"

作文太短，刚好一页，字歪歪斜斜的。那一页，老师画了个大大的红叉，没有打分，估计是严重的不及格了。是呀，普天之下有谁的理想是成为一只狗呢？做老师的，一定会斥责这孩子。

远离贫困的家乡，我已在城里生活了好多年了。经历过各种世故人情，自觉已是刀枪不入，很难再有什么事能轻易让我感动。然而，那天，我被这个二年级学生的理想震撼了，觉得鼻子酸酸的。我敢说，这是世上最感人的理想。

心灵感悟

很多孩子的美好理想都是这样被老师、成人扼杀在摇篮中的，等他们长大后就变成了没有理想的人，所以，注定了一生的平庸。有的人也有理想，但总是离不了明星、大款什么的，这样的理想即使实现，也无法给自己带来快乐。理想就是心底最真实的渴望，渴望成为一只狗是多么朴素和真实的理想啊！

失败计划

多年前，蜗居台湾岛的何应钦以一级上将的身份跑到荷兰旅游，荷兰国防部接待了他，并带他参观了荷兰的国防设施。

参观完毕，荷兰人又做了一个国防简报，向何应钦展示了一旦战争爆发，他们将如何应对的计划。这份计划之缜密、全面，让何应钦咋舌。但更令何应钦感到惊讶的是，他看到到了一份更加详细的计划，而且被放置在所有计划中最显眼的位置，以突出它的重要地位，这个计划的名称叫《投降计划》。何应钦表示很不理解，他说，在中国人眼里，投降是可耻的事情，是被人所有人看不起的行为，而为投降做计划会涣散军心，是战争大忌，中国文化崇尚舍生取义。

荷兰人的回答却很从容："我们并不认为投降是可耻的事情，经过充分分析敌我力量和战争现状后，如果胜利付出的代价太大或者完全没有取胜的可能时，我们会投降。我们不想因为自己的顽抗招致毁灭性的打击，我们需要保存实力，需要保持国家的完整。我们将把土地、建筑、河流山川都留给子孙，韬光养晦，等某一天真正强大了，再去夺取胜利。"

投降计划，意在未来。

二战中，盟军胜利登陆诺曼底之后，最高统帅艾森豪威尔将军发表了讲话："我们已经胜利登陆，德军被打败，这是大家共同努力的结果，我向大家表示感谢和祝贺。"可是当时谁也不知道，在登陆之前，除了这份讲话稿之外，艾森豪威尔将军还准备了一份截然相反的讲稿，那其实是一份失败演讲稿。失败演讲稿是这样写的："我很悲伤地宣布，我们登陆失败，这完全是我个人决策和指挥的失误，我愿意承担全部责任，并向所有人道歉。"

两份讲稿，万般情怀。

心灵感悟

太多的悲剧大都因为把成功当作唯一的目标，其实，失败计划里深藏着求胜的意愿、成功的契机和超然的心绪。不过话又说回来，我们上下五千年文明没有像西方那样给中断几次，也正因为我们有不肯投降的精神。“失败计划”不是提前投降，而是给自己留下成功的希望。

种花的邮差

一个小村庄里有位中年邮差，他从刚满20岁起便开始每天往返于五十公里的路程，日复一日将忧欢悲喜的故事送到居民的家中.就这样二十年一晃而过，人、事、物几番变迁，唯独从邮局到村庄的这条道路，从过去到现在，始终没有一枝半叶，触目所及，唯有飞扬的尘土罢了。

每想到在这无花无树、充满尘土的路上，踩着脚踏车度过他的人生时，心中总是有些遗憾。

有一天当他送完信，心事重重准备回去时，刚好经过了一家花店。“对了，就是这个！”他走进花店，买了一把野花的种子，并且从第二天开始，带着这些种子撒在往来的路上。就这样，经过一天，两天，一个月，两个月……他始终持续散播着野花种子。

没多久，那条已经来回走了二十年的荒凉道路，竟开起了许多红、黄各色的小花；夏天开夏天的花，秋天开秋天的花，四季盛开，永不停歇。

种子和花香对村庄里的人来说，比邮差一辈子送达的任何一封邮件更令他们开心。

在不是充满尘土而是充满花瓣的道路上吹着口哨，踩着脚踏车的邮差，不再是孤独的邮差，也不再是愁苦的邮差了。

心灵感悟

人生如白驹过隙，时光飞逝，何不留下善行，提供后人乘凉！

找怀表

一个城市里的有钱人，到乡下收田租，到了佃农的谷仓，有钱人东看看，西看看，不知何时把心爱的怀表弄丢了。有钱人心急如焚，佃农也不知如何是好，只好去把村里所有人找来寻找怀表。翻遍谷仓，但是怀表依然不见踪影。

天色渐渐晚了，有钱人一脸失望的神情，村里的人也一个个地回家去了，但是有个人留了下来。“我有把握找到你心爱的怀表。”这人告诉有钱人，信心十足。

“好吧！那就麻烦你，找到了我会奖赏你的。”

只见这个人再走进谷仓，找定位置后，静静地坐了下来。一切都安静了，悄然无声，但是有个小小的声音从谷仓的右后方角落传来。

“滴答，滴答，滴答……”

这人轻轻地像猫一样，踏着几乎无声的脚步，循声走向右后方角落去。到了附近，这人伏身下来，耳朵贴地，在一堆稻草中找到了怀表，走出谷仓，露出得意的微笑，朝有钱人走去。

心灵感悟

人生会遭遇许多事，其中很多是难以解决的，这时心中被盘根错节的烦恼纠缠住，茫然不知如何面对？如果能静下心来思考，往往会恍然大悟，心静则一切豁然开朗。从另一个角度看，打破惯性思维就会有意外的惊喜。

别看它是一条黑母牛，牛奶一样是白的

珍妮是个总爱低着头的小女孩，她一直觉得自己长得不够漂亮。有一天，她到饰物店去买了只绿色蝴蝶结，店主不断赞美她戴上蝴蝶结挺漂亮，珍妮虽不信，但是挺高兴，不由地昂起了头，急于让大家看看，出门与人撞了一下都没在意。珍妮走进教室，迎面碰上了她的老师，“珍妮，你昂起头来真美！”老师爱抚地拍拍她的肩说。那一天，她得到了许多人的赞美。她想一定是蝴蝶结的功劳，可往镜前一照，头上根本就没有蝴蝶结，一定是出饰物店时与人一碰弄丢了。自信原本就是一种美丽，而很多人却因为太在意外表而失去很多快乐。

心灵感悟

无论贫穷还是富有，无论貌若天仙，还是相貌平平，只要你昂起头来，快乐会使你变得可爱——人人都喜欢的那种可爱。

丈量河宽

一次在行军途中，拿破仑带领部队和一位工程师先到前面探路。他们来到了一条河边，河上没有桥，但部队又必须迅速通过此河。

拿破仑就问工程师：“告诉我，河有多宽？”

“对不起，阁下。”工程师回答道，“我的测量仪器都落在后面的部队里，他们离我们还有十英里远。”

“我要你马上量出来。”

“这做不到，阁下。”

“我命令你马上给我量出河宽，不然我将处罚你！”

工程师很快想了一个办法：他脱下钢盔，让帽檐和他的眼睛、还有河对岸的一点正好在一条直线上。然后，他小心地保持身体的直立，不断地向后退，等到眼睛、帽檐和这边河岩的相应一点刚好在一条直线上时，他就停了下来。他把自己所处的位置标好，接着用脚量出前后两点的距离。然后，他对拿破仑说：“这就是河流大概的宽度。”拿破仑大为高兴，马上就提升了他的职务。

心灵感悟

方法总比问题多，对于一些棘手的问题，不是没有解决的办法，而

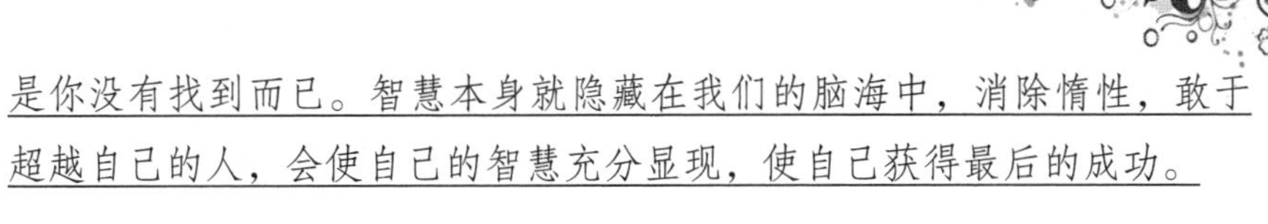

是你没有找到而已。智慧本身就隐藏在我们的脑海中，消除惰性，敢于超越自己的人，会使自己的智慧充分显现，使自己获得最后的成功。

好心情

迈克是美国一家餐厅的经理，他总是有好心情，当别人问他最近过得如何，他总是有好消息可以说。

无论在任何情况下，他都是面带微笑。看到这样的情境，真的让人很好奇，所以有一天，我到迈克那儿问他："我不懂，没有人能够老是这样地积极乐观，你是怎么办到的？"

迈克回答："每天早上我起来告诉自己，今天有两种选择，我可以选择好心情，或者我可以选择坏心情，我总是选择好心情，即使有不好的事发生。我可以选择做个受害者，或是选择从中学习，我总是选择从中学习。每当有人跑来跟我抱怨，我可以选择接受抱怨或者生命的光明面，我总是选择生命的光明面。"

"但并不是每件事都那么容易啊！"我抗议地说。"的确如此，"迈克说，"生命就是一连串的选择，每个状况都是一个选择，你选择如何响应，你选择人们如何影响你的心情，你选择处于好心情或是坏心情，你选择如何过你的生活。"

数年后，我听到迈克意外地做了一件你绝想不到的事。

有一天他忘记关上餐厅的后门，结果早上三个武装歹徒闯入抢劫，他们要挟迈克打开保险箱。由于过度紧张，迈克弄错了一个号码，造成抢匪的惊慌，开枪射击迈克。迈克很快被邻居发现，紧急送到医院抢救，经过15小时的外科手术，迈克终于出院了，但还有块子弹壳留在他身上……

事件发生6个月之后我遇到迈克，我问他最近怎么样，他回答："我很幸运了。要看看我的伤痕吗？"

我婉拒了，我问他当抢匪闯入的时候，他的心路历程。

迈克答道："我第一件想到的事情是我应该锁后门的，当他们击中我之后，我躺在地板上，还记得我有两个选择：我可以选择生，或选择死。我选择活下去。"

“你不害怕吗？”我问他。

迈克继续说：“医护人员真了不起，他们一直告诉我没事，放心。但是当他们将我推入紧急手术间的路上，我看到医生跟护士脸上忧虑的神情，我真的被吓坏了，他们的眼里好像写着：他已经是个死人了，我知道我需要采取行动。”

“当时你做了什么？”我问。迈克说：“嗯！当时有个大个子的护士用吼叫的音量问我一个问题：她问我是否会对什么东西过敏。’我回答：‘有。’这时医生跟护士都停下来等待我的回答。我深深地吸了一口气喊道：‘子弹！’这时医生和护士都在笑，脸上的忧虑神情都渐渐消失了。听他们笑完之后，我告诉他们：‘我现在选择活下去，请把我当作一个活生生的人来开刀，不是一个活死人。’”

心灵感悟

你不能改变天气，但你可以改变心情。生活充满了选择，每天你都能选择享受你的生命，或是憎恨它。

我的处境并不算最糟糕

有一则故事说：一个穷人与妻子，六个孩子，还有女儿女婿，共同生活在一间小木屋里，局促的居住条件让他感到活不下去了，便去找智者求救。

他说：“我们全家这么多人只有一间小木屋，整天争吵不休，我的精神快崩溃了，我的家简直是地狱，再这样下去，我就要死了。”

智者说：“你按我说的去做，情况会变得好一些。”

穷人听了这话，当然是喜不自胜。智者听说穷人家还有一头奶牛、一只山羊和一群鸡，便说：“我有让你解除困境的办法了，你回家去，把这些家畜带到屋里，与人一起生活。”

穷人一听大为震惊，但他是事先答应要按照智者说的去做的，只好依计而行。

过了一天，穷人满脸痛苦地找到智者说：“智者，你给我出的什么主意？事情比以前更糟，现在我家成了十足的地狱，我真的活不下去了，你得帮帮我。”

智者平静地说：“好吧，你回去把那些鸡赶出房间就好了。”过了一天，穷人又来了，他仍然痛不欲生，他哭诉说：“那只山羊撕碎了我房间里的一切东西，它让我的生活如同噩梦。”

智者温和地说：“回去把山羊牵出屋就好了。”

过了几天，穷人又来了，他还是那样痛苦，他说：“那头奶牛把屋子搞成了牛棚，请你想想，人怎么可以与牲畜同处一室呢。”

“完全正确，”智者说，“赶快回家，把牛牵出屋去！”

故事的结局是这样的：过了半天，穷人找到智者，他是一路跑着来的，满脸红光，兴奋难抑，他拉住智者的手说：“谢谢你，智者，你又把甜蜜的生活给了我。现在所有的动物都出去了，屋子显得那么安静，那么宽敞，那么干净，你不知道，我是多么开心啊！”

心灵感悟

看起来，智者的方法并没有让穷人的处境有什么改观，但是穷人的感觉则有了很大的改变。这就告诉我们：幸福和快乐只是人们心中的一种感觉，是与先前的生活相比较得出的。对生活的满足感的产生，并非全部来自生活给你提供了什么，更多的则是你在生活中感受到了什么。

处境糟糕并不可怕，需要做的是积极调整心态，鼓起生活的信心，改变眼下的处境，至少，不要退到你已经见识过的比现在还糟糕的境地。

竹子不会因为被风吹过，就永远直不起腰来

有一位在户政事务所担任柜台受理工作的小姐，终日愁眉苦脸，几乎可以说是得了“上班恐惧症”。她有一个习惯，每当与民众发生争执，挨了骂，受了气，便在笔记簿上，写一个小“忍”字，如果受的是大气，就写一个大“忍”字。五年多下来，笔记簿里填满了大大小小的“忍”字，除了每天要背负受气的痛苦，还要背负日渐增多的“忍”字重量，她终于背出了病来。

一位前辈发现了她的病因，想出对症下药的方法，“你把之前的那本笔记簿丢掉，换一本新的，然后将每一页分成左右两边，左边写‘刁民’，右边写‘良民’。工作时，若是遇上‘刁民’，你就在左边写个忍字，若是遇上‘良民’，你就把忍字给抹掉，没有忍字可供抹掉时，便在右边画一个笑脸。一个星期统计一次，看看是忍字比较多，还是笑脸比较多呢？”

她照着去做，左边忍字虽然不少，但全数被右边的笑脸抵消，并多出了许多的笑脸。她心境一转：“原来，这个世界，令我欢喜的人比给我气受的人还多呀！”

她一扫阴郁，立即精神起来，她向自己挑战，尽可能不写忍字。

来的是好沟通的民众，她就画下一个小笑脸：不好沟通的民众，即使使出浑身解数，也非让对方满意不可，然后再画下一个大笑脸。久而久之，笔记簿里全是笑脸，笑脸反应在她的脸上，也辉映在她的心底，病好了，人开心了，上班不再是沉重的负担，工作变成是一件让人既能获至温饱又可兼得快乐的喜事。谁还需要“修行”的药丸呢？

回复笑脸的她，听说嫁给了一位富商，介绍人正是曾让她气得半死，最后却被她服务到心花怒放的婆婆。她婆婆到户政事务所，逢人便得意地说：“现在，像这种有好脸色的媳妇，到哪里找呢？”

心灵感悟

想要攀上高峰，必先丢弃包袱。边走边捡石头，只会徒增气喘。

风来了，竹子的枝干被风吹弯。风走了，竹子又站得直直的，好像风没来过一样。竹子不会因为被风吹过，就永远直不起腰来。清澈的潭水，也不会因为云飘过，就永远留住云的影子。同样的，心胸宽大的人，不会因为别人两句不礼貌的话，就刮起永远的狂风巨浪，也不会因为别人不礼貌的行为，就在心底刻下无法磨灭的伤痕。

坚持和勇气

一个外籍教师对中国学生讲的故事：

一位美国教师在中国某医学院作的一番演讲。他在把讲稿让校方过目时，一位领导不知为何竟很不喜欢，让他重写。后来外籍教师还是坚持用了这篇演讲稿。译者田辉认为这个故事也许不仅仅适合医学院学生，所以译过来与大家共享：

有这么一个故事。在暴风雨后的一个早晨，一个男人来到海边散步。我一边沿着海边走着，一边注意到，在沙滩的浅水洼里，有许多被昨夜的暴风雨卷上岸来的小鱼。它们被困在浅水洼里，回不了大海了，虽然近在咫尺。用不了多久，浅水洼里的水就会被沙粒吸干，被太阳蒸干，这些小鱼都会被干死的。

男人继续朝前走着。他忽然看见前面有一个小男孩，走得很慢，而且不停地在每一个水洼旁弯下腰去——他在捡起水洼里的小鱼，并且用力把它们扔回大海。终于这个男人忍不住走过去："孩子，这水洼里有几百几千条小鱼，你救不过来的。"

"我知道。"小男孩头也不抬地回答。

"哦？那你为什么还在扔？谁在乎呢？！"

"这条小鱼在乎！"男孩儿一边回答，一边拾起一条小鱼扔进大海。"这条在乎，这条也在乎！还有这一条、这一条、这一条……"

今天，你们在这里开始大学生活。你们每一个人，都将在这里学会如何去拯救生命。虽然你们救不了全世界，救不了全中国的人，甚至救不了一个省一个市的人，但是，你们还是可以救一些人，你们可以减轻他们的痛苦。因为你们的存在，他们的生活从此有所不同——你们可以使他们的生活变得更加美好。这是你们能够并且一定会做到的。

在这里，我希望你们勤奋，努力地学习，永远不要放弃！记住："这条小鱼在乎！这条小鱼也在乎！还有这一条、这一条、这一条……"

你觉得自己是个有勇气的人吗？身强体壮的人往往显得很勇敢，但也可能是中看不中用的。所以，勇敢是勇气的一部分，但不是全部。

心灵感悟

勇气是敢作敢当，勇于承担责任。

勇气往往和坚持相关，尤其当需要坚持的是真理时。勇气意味着做自己认为是正确的事，即使不合潮流，走得很孤独很艰难。勇气是能够直面困境，依然积极乐观地想方设法去征服难关。

勇气也是不限人的，任凭你是谁，只要你能够勇于面对自己，坦然面对天地，不惧，不恐，不惊，能够勇于献出一切，乃至自己的性命，你便是一有勇气的人，而你的精神，就是勇气！

从一件不起眼的小事开始做起

10年前，有一个农民住在城郊，他不喜欢说话，但爱看书，给人的印象总是有点儿木讷忧郁。另外，他还有一个在当时农村算不上什么优点的爱好——种花养草，因而周围的人总有意无意地嘲笑他，说他的命苦哇，没生在好地方、好人家。但他对此都是充耳不闻，该怎样还是怎样。

有一天，他走进了正在改造的市区里，随意游转。他发现，在市政府的一侧有一块长满杂草的荒地。他站在那里看了半天，不由自主地说："唉，太可惜了，这要是整成花园，该有多好呀！"不想他的话音刚落，就有人在他身后搭话："你想得不错，能详细说说怎么个干法吗？"

他转身看到一个中年人正朝着自己笑，还有个年轻人站在身边。年轻人走上前说："这是新来的市长。"他朝市长看了看说："如果你同意，我可以把这块荒地改成花园。"市长说："市里事情太多了，恐怕一时顾不上投这个资。"他却说："我不要钱，修成后由我来看管就行。"市长想了一下，有点儿感动地点了头答应："我同意。"他让秘书将此事通知有关部门，免得遭到干涉。

第二天，他便于工作开着他的农用三轮车来了，车上装满了各种工具。他首先清走了垃圾，铲除了杂草，接着是平整园地，围扎栅栏，并让人写了个牌子：百万花园——因为他的小名叫万万。

一个农民自费修花园的消息不胫而走，不但招来了许多市民围观，也招来了电视台和报社的记者。当记者问他为什么要这么做时，他只是埋头干活，对记者的提问一句不答。越这样，记者们越感兴趣，于是他和他的"百万花园"一天天成了这个城市的焦点。

不久，不少人由原来的瞧稀罕、看热闹而开始伸出援助之手，有人送来了树苗，有人送来了花种，附近一所中学的学生们放学后还来参加义务劳动。更有一家花圃，送来了玫瑰、蔷薇的插技。另有一家木制品公司的老总听到消息后，表示要向“百万花园”免费提供长椅等设施。

几个月后，原来杂草丛生、垃圾遍地的荒地，变成了一座美丽的花园：木栅栏上披满了蔷薇的藤蔓，玫瑰花也开了。绿茵茵的草地，鹅卵石小径连接着一排排白色的木椅。人们走进去，可以自由地散步和休息……他笑了，但依旧寡言。这一年他已经42岁。

后来，他并没有做“百万花园”的看管人，而是去了另外的一些城市。有的是被请去的，也有的是他自己去的。当然，他不是去作报告，而是去设计花园。因为他通过长期的学习和努力，已成了一个具有种种传奇色彩的园艺设计师。在许多城市的园林设计图上，都留下了他的名字，但令他最挂念、最骄傲和满意的，还是“百万花园”——那是他改变自己生存方式生存意义的一个开始。

心灵感悟

从一件不起眼的小事开始，并一次次地把它加以放大，也能成就人人梦想、人人渴望的事业。

一条没有鱼鳔的鱼

有一个年轻人，因为家贫没有读多少书，他去了城里，想找一份工作。可是他发现城里没一个人看得起他，因为他没有文凭。就在他决定要离开那座城市时，忽然想给当时很有名的银行家罗斯写一封信。他在信里抱怨了命运对他是如何的不公。他说：“如果您能借一点钱给我，我会先去上学，然后再找一份好工作。”

信寄出去了，他便一直在旅馆里等待，几天过去了，他用尽了身上的最后一分钱，也将行李打好了包。就在这时，房东说有他一封信，是银行家罗斯写来的。可是，罗斯并没有对他的遭遇表示同情，而是在信里给他讲了一个故事。

罗斯说：在浩瀚的海洋里生活着很多鱼，那些鱼都有鱼鳔，但是唯独鲨鱼没有鱼鳔。没有鱼鳔的鲨鱼照理来说是不可能活下去的。因为它行动极为不便，很容易沉入水底，在海洋里只要一停下来就有可能丧生。为了

生存，鲨鱼拥有了强健的体魄，成了同类中最凶猛的鱼。最后，罗斯说，这个城市就是一个浩瀚的海洋，拥有文凭的人很多，但成功的人很少。你现在就是一条没有鱼鳔的鱼……

那晚，他躺在床上久久不能入睡，一直在想着罗斯的信。突然，他改变了决定。第二天，他跟旅馆的老板说，只要给一碗饭吃，他可以留下来当服务生，一分钱工资都不要。旅馆老板不相信世上有这么便宜的劳动力，很高兴地留了他。10年后，他拥有了令全美国羡慕的财富，并且娶了银行家罗斯的女儿，他就是石油大王哈特。

心灵感悟

有时阻止我们前进的不是贫穷，而是优越。是因为优越把人们的心和期望提得很高，但是实际的能力却未必能够适应，于是渐渐地变成了好高骛远。其实，重要的是不要让已有的条件给自己画框，而是暂时放弃这些，把自己放低。

你说你行你就行

有个小男孩名叫汤姆·邓普西。他生下来就只有半只右脚和一只畸形的右手。但他父母亲常会告诉他：汤姆，其他男孩能做的事情你都能做。为什么不能呢？你没有任何比别人差劲的地方，任何孩子可以做的事情，你一样能做到！

后来汤姆要玩橄榄球。他发现自己比在一起玩儿的其他男孩要踢得远多了。为了能实现这个愿望并发挥出这种能力，他找人为他定做了一双鞋子。

他参加了踢球测验，并且得到了一份卫锋队的合约。但教练却婉转地告诉他：“你不具有做职业橄榄球员的条件，去试试其他的事业吧！”最后他申请进入新奥尔良圣徒队，教练看他对自己充满了信心，就抱着试试看的态度收留了他。两星期后，教练完全改变了想法，因为他在一次友谊赛中因踢出55码远的好成绩而得分，这种情形使他获得圣徒队职业球员的身份，而且在那一季中为他的球队踢得了99分。

最伟大的一天到来了！那天球场上坐满了6万多球迷。球是在28码线上，比赛只剩下几分钟，球队把球已经推进到35码线上，但是可以说根本就没有时间了。“汤姆·邓普西，进场踢球！”教练大声说。当汤姆走进场的时候，他知道他的一队距离得分线有55码远，这也等于说他要踢出63码远。在正式比赛中踢得最远的记录是55码，由巴尔第摩雄马队毕特·瑞奇查踢出来的。汤姆闭上眼睛对自己说道：我一定能行！只见他全力踢在球身上，球笔直前进，但是踢得够远吗？6万多球迷屏气观看，然后看见终端得分线上的裁判举起了双手，表示得了三分。球在球门横杆之上几寸的地方越过，汤姆一队以19比17获胜。球迷疯狂呼叫，为踢得最远的一球而兴奋。“真是难以相信！”有人大声叫道。这居然是由只有半只右脚和一只畸形手的球员踢出来的！但汤姆只微微一笑，他想起了父母，他们一直告诉他的是，他能做什么，而不是他不能做什么。他之所以能创造出如此了不起的纪录，正如他自己所说的：“我从来不知道我有什么不能做的，也没人这样告诉过我！”

心灵感悟

爱迪生说：“如果我们能做出所有我们能做的事情，我们毫无疑问地会使自己大吃一惊。”你一生中有没有为自己的潜能大吃一惊过？事实上，人通常比自己认为的要好得多，对你的能力抱着肯定的想法，这样就能发挥出心智的力量，并且会产生有效的行动。“在你的身体里可能没有一只老虎，但是在你的心智里必定有一只鹰。”精彩的生命只有一次，千万不要让自己的疑虑和自卑挡住了你追求卓越、超越自我的梦想。

没有绝望

明朝末年，史学家谈迁经过20多年呕心沥血的写作，终于完成明朝编年史——《国榷》。面对这部可以流传千古的巨著，谈迁心中的喜悦可想而知。然而，他没有高兴多久，就发生了一件意想不到的事情。

一天夜里，小偷进他家偷东西，见到家徒四壁，无物可偷，以为锁在竹箱里的《国榷》原稿是值钱的财物，就把整个竹箱偷走了。从此，这些珍贵的稿子下落不明。

二十多年的心血转眼之间化为乌有，这样的事情对任何人来说，都是致命的打击。对年过六旬、两鬓已开始花白的谈迁来说，更是一个无情的重创。可是谈迁很快从痛苦中崛起，下定决心再次从头撰写这部史书。

谈迁继续奋斗十年后，又一部《国榷》诞生了。新写的《国榷》共104卷，500万字，内容比原先的那部更翔实精彩。谈迁也因此名留青史、永垂不朽。

英国史学家卡莱尔也遭遇了类似厄运。

卡莱尔经过多年的艰辛耕耘，终于完成了《法国大革命史》的全部文稿。他将这本巨著的底稿全部托付给自己最信赖的朋友米尔，请米尔提出宝贵的意见，以求文稿的进一步完善。

隔了几天，米尔脸色苍白、上气不接下气地跑来，万般无奈地向卡莱尔说出一个悲惨的消息:《法国大革命史》的底稿，除了少数几张散页外，已经全被他家里的女佣当作废纸，丢进火炉里烧为灰烬了。

卡莱尔在这突如其来的打击面前异常沮丧。当初他每写完一章，便随手把原来的笔记、草稿撕得粉碎。他呕心沥血撰写的这部《法国大革命史》，竟没有留下任何可以挽回的记录。

但是，卡莱尔还是重新振作起来。他平静地说:“这一切就像我把笔记簿拿给小学老师批改时，老师对我说:‘不行！孩子，你一定要写得更好些！’”

他又买了一大沓稿纸，开始了又一次呕心沥血的写作。我们现在读到的《法国大革命史》，便是卡莱尔第二次写作的成果。

心灵感悟

所有的努力都付诸东流，是最令人绝望的事情，但只要你能够从头开始，生命中就不存在绝望。

第五篇

感谢生活，那些闪光的智慧

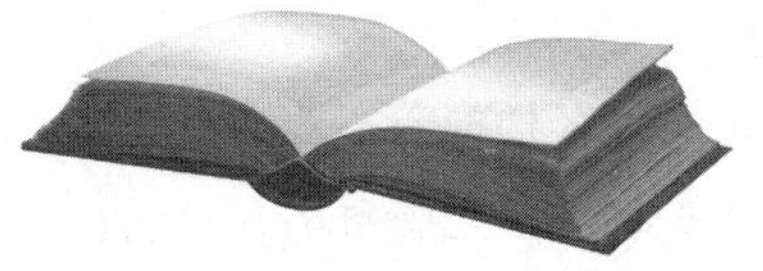

上帝给了每人一杯甜酒和一杯苦水，有的人先甜后苦，有的人先苦后甜，有的人抢着喝别人的甜酒，有的人喝了别人双份的苦水。

喝了别人甜酒的人，自然会感谢生活的恩赐，感谢生活使他们的人生每时每刻都分外精彩，感谢生活中充满了阳光，鲜花和掌声，感谢人生旅途的一帆风顺，感谢生活的幸福甜蜜。

喝了一杯甜酒，一杯苦水的人，也懂得感谢生活，感谢生活中有苦有甜。感谢生活的苦乐交融。

在绝境中开花

那是一个阳光晴好的下午，从纽约刚归来不久的佩雷斯·霍克坐在高大的榕树下，眼看着飘零的落叶，像是一只只受了伤的蝴蝶，内心里不由更是愤愤不平——为何自己的命运，竟宛如这些凋残的落叶，自己不能掌握方向却被风左右着？

霍克正凝思着，蓦然间被一阵轻轻的咳嗽声惊醒。他不用抬头，也不想抬头，便知道是父亲拉比德来了。

“亲爱的，还在为没能再次去纽约而生我的气吗？”拉比德一脸慈爱地看着霍克。

“不，爸爸……”霍克将脸转过一旁，语气里明显带着火药味，“我又怎么敢生您的气呢？”

拉比德坐了下来，轻轻抚摸着霍克金色的头发：“宝贝，你真的下了决心要去纽约，并且真的对自己充满自信？”

霍克听到这里，眼睛里倏地闪过一丝光彩，忙把头抬起：“您是不是……”

拉比德打断了他的话：“先回答我的问题。”

“爸爸，我敢保证，只要你答应我，给我提供资金保障，我一定能在纽约做好自己的事业。”

拉比德紧紧攥住霍克的手，说：“亲爱的，难道你没注意到，昨晚爸爸房间的灯光亮了整整一夜吗？”

霍克忽然想起，昨晚爸爸房间里的灯的确亮了一夜。看来，父亲为自己的事是认真而考虑一整夜了。

拉比德一脸郑重，又把刚才那个问题重复了一遍。霍克突然觉得父亲竟是如此啰唆，同样一个问题，几个月间问了已不下一百遍了。但霍克同时又发现，父亲的神色从来没有像今天这样庄重。霍克心想，凭自己的头脑和学识，加上遍地是黄金的纽约，自己一定能够成功！况且，即使失败了，顶多再打道回府呗。于是，霍克再次信誓旦旦地下了保证。

拉比德又问：“如果失败了怎么办？是不是打算立即回来？”

霍克一怔，没想到自己的打算被父亲猜了个正着。但他还是矢口否认，说自己绝对不会失败，不成功就没脸回来见父亲了。

拉比德听到这里，脸上露出开心的笑容，大声说：“这才是我的好儿子，有志气！爸爸答应你了，明天就把东西给你。”

霍克兴奋地跳了起来，孩子般地抱着父亲说：“放心吧，我不会让您失望的！”

那天晚上，霍克兴奋了大半夜，脑子里想着的都是“纽约”两个字。要知道，在此之前，霍克想去纽约开创自己的事业，但每次都被父亲以“年轻无知，阅历尚浅，且怕吃苦”而婉拒。直到霍克开始对父亲冷战了起来，拉比德才终于答应他去纽约。不过，拉比德提出了一个条件——霍克必须在纽约待上三个月，进行细致的市场调查，还要撰写翔实的计划书，等拉比德过目后觉得可行方可再去纽约。而这次，父亲终于答应了。

那个晚上，霍克还发现，父亲房间的灯，又亮了整整一夜。

翌日，负责送行的拉比德交给了霍克一样东西说：“亲爱的，爸爸从来没有做出过如此重大的决定，希望你能理解爸爸的一番苦心，只许成功，不许失败。”

霍克接过父亲递过来的东西，凭直觉就知道是供自己创业的账户存折。霍克想，父亲确实没有做出了这样重大的决定，毕竟，这不是一个小数目。

霍克拜别了父亲，便登上了飞往纽约的班机。霍克永远都记得，那是1982年的一个阳光灿烂的上午。

然后，让人意想不到的事情发生了。到达纽约的霍克，并没有利用父亲提供的资金创业，而是满脸沮丧，灰心丧气，整天漫无目的地游离在街头。后来，不知道是什么原因，在家里从来都是养尊处优的霍克，居然沦落为一家汽车公司的推销员，干起了他以前从不愿意做的那种寄人篱下的工作。

就这样，身为推销员的霍克陡然像变了一个人似的，对待自己的工作兢兢业业，还利用业余时间买了大量专业书籍为自己充电，奔波在所有的汽车用户家中进行完善的细节化服务。霍克的工作，越来越得到公司的认可。从工作的第四年开始，霍克便被破格提升为公司的市场部经理助理，后来又担任了公司的营销部经理，分公司的副总，一举成为公司乃至业界的传奇人物，被誉为汽车界的奇葩。

声名鹊起的霍克，逐渐吸引了各大媒体的注意，他的传奇经历也被一一挖掘了出来。有人问他，为什么当初决定自己创业的他，会弃父亲给的创业资金于不顾，而选择寄人篱下做一个汽车销售员呢？

对于这个问题，霍克的回答令所有人都大吃一惊。原来，当初霍克到达纽约的时候，第二天早上就去银行取钱，可银行的工作人员却告诉他，账户里只有仅能供他维持短时间生活的钱，这又怎么能创业呢？霍克想打电话回家，可狠心的拉比德居然停了电话；霍克想回家，可那少得可怜的钱连张飞机票都买不到。霍克没有想到，父亲居然会骗他，且如此的绝情。无奈，快要身无分文的霍克只得做了一名汽车销售员。

当人们为霍克有这样一个绝情的父亲而叹息时，霍克却表示要感谢父亲。他说："我到现在才明白，当初父亲口中所说的那个'重大的决定'的含义了。他是想让我明白，人生不能总想着退路，有时候，没有退路，才是最好的出路呀。而如今，事实证明了他的决定——我这个被誉为汽车界的奇葩，就是在没有退路的绝境中才得以开花的呀。"

心灵感悟

所谓背水一战，就是在没有退路的情况下，往往能够迸发出强大的力量。很多时候，人们总是预先给自己留好后路，以防失败后还有落脚的地方。而这样做，等于潜意识里告诉自己：没关系，大不了失败，失败了还有路可走。这样想的时候，自然就不会倾尽全力。父亲的决定是无情的，但是正是他的无情，逼着儿子去拼搏，最终做出了不菲成绩。这样的父亲、这样的教育才是让孩子享之不尽的。

隐形翅膀

她出生时就没有双臂。懂事后，她问父母"为什么别的小朋友都有胳膊和双手，可以拿饼干吃，拿玩具玩儿，而我却没有呢。"

母亲强作笑脸，告诉她说："因为你是上帝派到凡间的天使，但是你来时把翅膀落在天堂了。"听了母亲的话，她很高兴，她天真地告诉母亲说："有一天我要把翅膀拿回来，那样我不但能拿饼干和玩具，还会飞起来了。"

从此，她成了母亲的天使。

7岁上学前，母亲请医生为她安装了一对精致的假肢。那天，母亲对她说："我的小天使，你的这双翅膀真是太完美了，简直是天衣无缝。"但她却感觉到，这双冷冰冰的东西并不是自己的那双翅膀。在学校里，母亲那个关于天使的童话破灭了，缺少双臂的她，成了同伴们取笑的对象。大家都叫她"维纳斯"。从此，她总是低着头。假肢不但弥补不了自卑，反而让她深切意识到自己的残疾。随着年龄增长，而她越来越感觉到残疾的可怕：洗脸、梳头发、吃饭、穿衣服……她觉得自己是一只被牵着线的木偶，做任何一件事情，都要依赖于父母，她的郁闷与日俱增，却又逃避不了残缺的现实。

十几岁的年龄，本应是天真烂漫、无忧无虑，她的心却每天都很疼，很苦。她感觉自己像一只翅膀被折断的蝴蝶，失去了天空，更嗅不到花香，只能躲在阴暗的角落里煎熬时光。

课余时间，同学们最大的乐趣是荡秋千。其实，她也喜欢秋千，但是，她却只能在梦中才会找到那种如蝴蝶在风中飞舞的感觉，现实中，她只能站在远处痴痴地看着那些与自己同龄的孩子们在空中飞舞着，欢笑着。只有他们走光时，她才偷偷坐到秋千上，忘情地荡起来，这个时候，她会闭上眼睛，听耳边掠过的风声，想象自己找回了失去的双臂，像天使一样在操场上空飞翔。但是，每次她都会被狠狠摔到地上，摔得浑身伤痕累累。

没有双臂让她吃尽了数不清的苦头，这让她自暴自弃。为了打开她的心结，14岁那年的夏天，父母带她乘船到夏威夷度假。

大海，让她心情舒畅了许多，每天，她都站在甲板上，任两截空飘飘的衣袖随风飞舞，每当看到海鸥在风浪中自由飞翔，她都情不自禁地叹息说："如果我能一双翅膀多好，哪怕只飞一秒钟。"

"孩子，其实你也有一双翅膀的！"一个苍老的声音自她耳边响起，她循声看到了一位黑皮肤的老人，她马上吃了一惊，因为这位老人没有双腿，他整个身体就固定在一辆带着轮子的木板车上。此刻，老人用双手熟练地驱动着木板车，在甲板上自由来去，这让她看呆了。以后的几天，她和老人渐渐成了朋友。她了解到，老人是在十年前从非洲大陆出发的，如今已经游遍了世界五大洲的七十多个国家，而支撑他"走"遍世界的，就是一双手。老人的经历，让她感觉不可思议，同病相怜的缘故，她双眼含满了泪水，船靠岸那天，他们依依不舍。"记住孩子，那双翅膀，就隐藏在你的心里。”老人的临别赠言让她整颗心一下子飘荡起来。

此后，她开始练习用双脚来做事。最开始，她用脚夹着钢笔练习写字，梳头，嚼口香糖，为了让双脚保持柔韧有力，她每天通过走路和游泳的方式来锻炼。过于劳累，使她的脚趾经常会麻木，抽筋。有一次，她游泳池里过于疲惫，以致两个脚踝竟然同时抽搐。她在水中拼命挣扎，喝了一肚子水，所幸被教练及时发现，将她从死亡的边缘拉了回来。那位教练没有想到，第二天，她又出现在了游泳池里。不懈努力让她的双脚越来越敏捷，她的脚趾头开始能像手指一样自由弯曲，骨科医生说她的脚已经比平常人的手指还要灵活。灵巧的双脚让她学会了打电脑、弹钢琴，后来，她还获得跆拳道“黑带二段”的称号。坚强与自信让她渐入佳境，由于成绩出色，她获得了亚利桑那大学心理学士学位。但是，她的努力并没有停止。她开始练习用双脚来开汽车，事实上，她比普通人更快拿到了驾照。

一路走来，她的成就已经足令自己和父母骄傲了。但童年时那个飞起来的梦想却总让她挥之来去，她要像天使一样自由飞翔。

一次培训残疾飞行员的机会让她欣喜若狂。她打电话说明了自己的学习飞行的愿望。但是，那位飞行教练听到她没有双手，要靠双脚来学习驾驶飞机时，立刻一口回绝了她的要求，并称那简直是天方夜谭。

但她认定了这是属于自己的机会，所以，开学那天，她依然开着车去了那个训练班的机场。让她没有想到的是，当她从车上走下来的那一瞬，她听到了一个意外的声音：“看来，你学习开飞机是没有问题的。”那个在电话里拒绝她的飞行教练，此时正微笑地看着她。

从此，她开始了长达三年的极限挑战：学习用双脚来开飞机。

听到她的选择，有很多陌生人来信或打电话鼓励她，但也有许多人认为她是在玩冒险游戏。她铁定了心：一定要飞起来，哪怕一秒钟。

获得轻型飞机的驾照，需要学习6个月。她却用了整整3年时间。她先后求教过3名飞行教练，并挑战各种天气状况，以致飞行时间达到了89个小时，艰苦训练，她能够熟练地用一只脚管理控制面板，而用另一只脚操纵驾驶杆。这让曾培训出许多飞行员的教练惊叹不已，他的结论是：她已经是一名非常优秀的飞行员，她驾驶飞机时非常冷静和稳定，一些肢体健全的飞行学员的飞行能力也无法和她相比。

这位身残志坚，可以用双脚熟练驾驶轻型运动飞机，并成功通过了私人飞行员驾照考试的女孩杰西卡。她今年23岁，是美国历史上第一个只用

双脚驾驶飞机的合法飞行员。

杰西卡的故事给许多美国人都带来了巨大的精神鼓舞。她经常到美国各地进行巡回演讲，讲述自己学会靠双脚生存和奋斗的感人故事。

心灵感悟

形体的残缺，环境的艰险，都不是人生成败的决定因素。因为任何有形的力量都囚禁不了心灵，束缚不了梦想。心灵与梦想，是每个人与生俱来的隐形翅膀，只有勇于展开它们的人，才会飞起来，超越一切，抵达幸福的人生彼岸。

在嘘声中唱完一首歌

公司里年轻人多，哼上几句流行歌曲是一帮男同事的最爱。我也是一个追星族，对各种流行歌曲爱得欲罢不能。不过，我是属于那种五音不全的女孩子，只能在独处时将变调的歌儿唱给自己。

最近，公司接待一位台湾省来的客户。老总决定让所有人员倾巢而出，在市内最高级的歌厅给客户接风。出发之前，公司的男同事纷纷开始选取当晚的演唱曲目，大有“歌不惊人誓不休”的架势。当他们问我准备了什么时，我的脑子里一片茫然，并不曾想自己也要“献丑”。台湾客户是一位年轻有为的男士，对公司请他去唱卡拉OK的安排比较满意。客户的嗓音非常棒，简直可以赛过巨星王力宏。听到我的夸奖，客户顺水推舟地说：“那黄小姐的歌喉一定像张惠妹一样出色。”我只是礼貌地说自己不善唱歌，还是听我的男同事的。

一帮男同事开开心心地放声歌唱后，连我们老总都上去试了一把。这时，所有的人都把期待的眼光转到全场唯一的女孩子——我的身上。我知道，再继续拒绝显然是不合适的。于是，在申明自己五音不全会制造噪声后，我选了一首萧亚轩的情歌。

当我放开嗓音去唱的时候，我偷偷环顾四周，发现老总和台湾客户的眉头不经意地皱了一下。由于过度紧张，我这次的发音比以前任何一次都差劲。刚才还陶醉在曼妙音乐中的男同事闹开了锅，易辉还口无遮拦地说：

"求求你别唱了，弄不好不知情的人还以为咱们虐待你。"说完，其他男同事一起哄笑开了，老总也做了个阻止的手势。

伴奏还在继续，我不准备就此停下我的歌声。"请听我唱完这首歌。"在被奚落后，我变得更加坚定。我知道我的歌不是当晚最好的一次表演，但是我要用我的坚持维护我的尊严。最后，只有台湾客户给了我掌声……

台湾客户离开的时候，留给老总一句话："贵公司的黄小姐不卑不亢，能够坚持自己所追求的东西，我希望她能作为我们合作项目的负责人，希望老总大人成全。"我出乎意料地得到了重用，而这一切只因为不会唱歌的我，在嘘声中坚持唱完一首情歌。

心灵感悟

能够在公众场合、在别人异样的目光中，用五音不全的嗓子坚持唱完一首歌，这不仅需要勇气和胆量，更需要超乎常人的自信。有这样的自信，还有什么困难能够阻挡自己前进的脚步呢？

不一样的拳击手

布克利被称为"世界最差拳击手"，在过去的299场比赛中，他输掉了256场！如此惊人的战绩，在世界拳坛绝无仅有，布克利因此闻名天下。

39岁的布克利，是英国伯明翰市的一名次中量级拳击手，在他20年的职业比赛中，屡尝败绩，常常被打得鼻青脸肿，伤痕累累。尤其从5年前开始，他就再未赢过一场比赛，甚至创下了连输88场的"世界纪录"。但他绝不放弃，屡败屡战，平时在体育馆刻苦训练，一旦接到比赛邀请，又会毫不犹豫地投入下一场战斗。

许多人都偷偷地为这位"常败将军"捏了把汗，按照某些国家的规则，如果拳击手接连输掉10场比赛，就应该被取消拳击手资格。英国拳击管理委员会也试图阻止布克利，劝他不要再去参赛，但是由于英国目前尚无类似法规，要不要参赛，还得由他自己说了算。布克利仍在顽强坚持，继续书写生命的传奇，你可以把他打倒，却不能阻止他重新站立起来！

布克利的目标是打满300场。在英国伯明翰市的艾斯顿体育中心，布克利即将迎来第300场比赛，这也将是他职业生涯中的最后一场拳击赛。大战在即，他开心地告诉记者："当我年轻时，我是一个爱惹麻烦、经常招来警察的野孩子，是拳击让我的生活有了奋斗的目标。"在他看来，胜负早已变得无足轻重，最重要的，莫过于尽情享受拼搏的快感。所有人都在为他祝福，世界最差拳击手，却赢得了全世界的尊敬。

心灵感悟

究竟什么才是失败，什么才算成功。恐怕没有人会认为布克利是失败者。就像40年前的那场马拉松比赛，真正的冠军早已经被淡忘，人们却永远记住了最后一名，阿赫瓦里是绝对英雄，他战胜了自己。跌倒了，再爬起来，每一次站立都是壮举；受伤了，包扎伤口重新上路，每一块伤疤都是骄傲！多少年后，当布克利渐渐老去，回首往事，仍可以问心无愧，自己曾经努力过，这就足够了。

人生没有成功固然沮丧，如果连失败也没有，是不是很悲哀？

只剩一只眼可以眨

博迪是法国的一名记者，在1995年，他突然心脏病发作，导致四肢瘫痪，而且丧失了说话的能力。被病魔袭击后的博迪躺在医院的病床上，头脑清醒，但是全身的器官中，只有左眼还可以活动。可是，他并没有被病魔打倒，虽然口不能言，手不能写，他还是决心要把自己在病倒前就开始构思的作品完成并出版。出版商便派了一个叫门迪宝的笔录员来做他的助手，每天工作6小时，给他的著述做笔录。

博迪只会眨眼，所以就只有通过眨动左眼与门迪宝来沟通，逐个字母逐个字母地向门迪宝背出他的腹稿，然后由门迪宝抄录出来。门迪宝每一次都要按顺序把法语的常用字母读出来，让博迪来选择，如果博迪眨一次眼，就说明字母是正确的。如果是眨两次，则表示字母不对。

由于博迪是靠记忆来判断词语的，因此有时就可能出现错误，有时他又要滤去记忆中多余的词语。开始时他和门迪宝并不习惯这样的沟通方式，所以中间也产生不少障碍和问题。刚开始合作时，他们两个每天用6小时

默录词语，每天只能录一页，后来慢慢加到3页。几个月之后，他们历经艰辛终于完成这部著作。据粗略估计，为了写这本书，博迪共眨了左眼20多万次。这本不平凡的书有150页，已经出版，它的名字叫《潜水衣与蝴蝶》。

心灵感悟

在这个世界上，聪明的人并不是很少，而成功的，却总是不多。很多聪明人之所以不能成功，就是因为他在已经具备了不少可以帮助他走向成功的条件时，还在期待能有更多一点成功的捷径出现在他面前；而且能够成功的人，首先就在于，他从不苛求条件，而是竭力创造条件——就算他只剩了一只眼睛可以眨。

高手，是让所有人都想赢你

有个以湖蟹闻名的酒店，需要招聘一名厨师长。

湖蟹在进蒸笼前需要用麻绳绑起来，这是道很烦琐的工序，所有的厨房员工都不喜欢这道工序，所以每次绑湖蟹都是由厨师长带头。

有两位厨师同时来应聘，试工。第一位试工的厨师每次都带头绑湖蟹，还经常与其他厨师进行“绑湖蟹比赛”。每次比赛，大家都尽最大的努力，可就是比不上他，所有人都为他娴熟的技术折服——他5分钟绑20只湖蟹，其他厨师最多绑12只。

另一位应聘者也号召大家来比赛，但是他不用表掐时间，光是手脚比画，数个数，这位厨师的手脚并不快，虽然他的喊声最大，但是每次一开赛，别的厨师一认真起来就能超过他，他几乎成了大家的笑料。

尽管如此，那位厨师反而用更大的声音喊着一定要追上其他厨师，他拼命追，其他员工自然也就拼命地不让他追上。直到试工结束，他捆绑湖蟹的效率依旧落在其他厨师后面。

试工结束了，老板竟然聘用了第二个厨师。作为一名厨师长，干活效率竟然比职工还慢，怎么服众？

酒店老板说出了其中的奥秘：第一位应聘厨师虽然手脚很快，但他总赢，让大家缺乏自信和动力，虽然大家都响应了比赛，但实际上大家都觉得这是个不能赢的比赛，反正都是输，还能拿出真正的实力和积极性吗?

第二个厨师手脚虽然慢，但他的“步步紧逼”逼迫大家既兴奋又紧张地拼命加快速度，不让他追上，就在这追与逃之间，每个人都在无意识中提高了劳动效率——他们竟然每5分钟绑了18只湖蟹。

令员工们没有想到的是——刚才在老板办公室，第二个厨师已经当着老板的面绑过一次湖蟹，他的成绩是每5分钟绑25只。

他说：我一个人少绑10只湖蟹，但其余10人每人多绑6只，总效率相当于每5分钟提高了50只。

心灵感悟

打败别人并不难，超越别人也不难，但是“山外有山，人外有人”，不可能一一都超过。想要成为真正的高手，绝顶的高手，不是让所有人都输给你，而是让所有人都想赢你！

在脚下多垫些石头

大学刚毕业那会儿，我被分配到一个偏远的林区小镇当教师，工资低得可怜。其实我有着不少优势呢，教学基本功不错，还擅长写作。于是，我一边抱怨命运不公，一边羡慕那些拥有一份体面的工作、那一份优厚的薪水的同窗。如此一来，不仅对工作没了热情，而且连写作也没兴趣。我整天琢磨着“跳槽”，幻想能有机会调一个好的工作环境，也拿一份优厚的报酬。

就这样两年时间匆匆过去了，我的本职工作干得一塌糊涂，写作上也没有什么收获。这期间，我试着联系了几个自己喜欢的单位，但最终没有一个接纳我。

然而，就是这样一件微不足道的小事，改变了我一直想改变的命运。

那天学校开运动会，这在文化活动极其贫乏的小镇，无疑是件大事，因而前来观看的人特别多。小小的操场四周很快围出一道密不透风的环形人墙。我来晚了，站在人墙后面，翘起脚也看不到里面热闹的情景。这时，

身旁一个很矮的小男孩吸引了我的视线。

只见他一趟趟地从不远处搬来砖头，在那厚厚的人墙后面，耐心地垒着一个台子，一层又一层，足有半米高。我不知道他垒这个台子花了多长时间，不知道他因此少看到多少精彩的比赛，但他登上那个自己垒起的台子时，冲我粲然一笑。那成功的喜悦和自豪，却是那样的清楚。

刹那间，我的心被震了一下——多么简单的事情啊：要想越过密密的人墙看到精彩的比赛，只要在脚下多垫些砖头。

从此以后，我满怀激情地投入工作中去，踏踏实实，一步一个脚印。很快，我便成了远近闻名的教学能手。

心灵感悟

生活的道理很朴素，看不见的时候可以在脚下多垫些砖头，这样就能增加自己的高度。当然，这些砖头最好是自己实实在在积累起来的学识、经验、能力，因为只有这些东西是丢不掉的，是可以随时拿出来用的。

渔夫的经验

一群年轻人常常结伴在一泓深潭边钓鱼。令他们奇怪的是，有一个渔夫总是在潭上边不远的河段里捕鱼，那是一个水流湍急的河段，雪白的浪花哗哗地翻卷着。

年轻人都觉得这渔夫很可笑，在浪大又那么湍急的河段里，怎么会捕到鱼呢？有一天，有个好事的年轻人终于忍不住了，他放下钓竿去问渔夫：“鱼能在这么湍急的地方停留吗？”渔夫说，当然不能了。年轻人又问：“那你怎么能捕到鱼呢？”渔夫笑笑，什么也不说，只是提起他的鱼篓往岸边一倒，顿时倒出一团银光。那一尾尾鱼不仅肥，而且大，一条条在地上翻跳着。年轻人一看就傻了，这么肥这么大的鱼是他们在深潭里从来没有钓到过的。他们在潭里钓上的，多是些很小的鲫鱼和小鲦鱼，而渔夫竟在河水这么湍急的地方捕到这么大的鱼，这是为什么呢？

渔夫笑笑说：“潭里风平浪静，所以那些经不起大风大浪的小鱼就自由自在地游荡在潭里，潭水里那些微薄的氧气就足够它们呼吸了。而这些大鱼就不行了，它们需要水里有更多的氧气，没办法，它们只有拼命游到有浪花的地方，浪越大，水里的氧气就越多，大鱼也越多。”渔夫又得意地说：“许多人都以为风大浪大的地方是不适合鱼生存的，所以他们捕鱼就选择风平浪静的深潭，但他们恰恰想错了，一条没风没浪的小河里是不会有大鱼的，而大风大浪恰恰是鱼长大长肥的唯一条件。大风大浪看似是鱼儿们的苦难，但这些苦难却是鱼儿们的天然给氧器啊！”

心灵感悟

大风大浪这些“苦难”是鱼的“给氧器”，而那些人生坎坷和困苦是不是我们人生的“给氧器”呢？我们总是在为自己营造和寻觅人生的风平浪静，我们总是在为自己追寻生活的和风细雨，我们是不是静潭里的那一尾尾小鱼呢？水流湍急浪花飞溅之处是大鱼，那么，命运沉浮遭遇坎坷将砥砺出巨人。

尊重是金钱买不到的

有位富翁十分有钱，却得不到别人的尊重，为此他十苦恼，每日寻思如何才能得到众人的敬仰。

他在街上散步，看到街边有一个衣衫褴褛的乞丐，他心想机会来了，便在乞丐的破碗里丢了一枚亮晶晶的金币。

谁知道乞丐头也不抬地仍是忙着捉虱子，富翁不由得生气了，说：“你眼睛瞎了！没看到我给你的是一枚金币吗？”

乞丐仍是不看他一眼，答道：“给不给是你的事，不高兴可以拿回去。”

富翁大怒，意气用事起来，又丢了十个金币在乞丐的碗里，心想他这次一定会趴着向自己道谢。却不料乞丐仍是不理不睬。

富翁气得几乎要跳起来：“我给你十个金币，你看清楚，我是有钱人，好歹你也尊重我一下，道个谢你都不会。”

乞丐懒洋洋地回答：“有钱是你的事，尊不尊重你是我的事，这是强求不得的。”

富翁急了：“那么，我将我的财产的一半送给你，能不能请你尊重我呢？”

乞丐翻着一双白眼看着他：“给我一半财产，那我不是和你一样有钱了吗？为什么要我尊重你。”

富翁更急道：“好，我将所有的财产都给你，这下你可愿意尊重我了吧。”

乞丐大笑：“你将财产全给了我，那你就成了乞丐，而我成了富翁，我凭什么尊重你？！”

心灵感悟

地位、身份可能有别，但是人的尊严是没有差别的。所以，不要把身份、地位、财富这些身外之物强加在尊严头上，否则，你自己的尊严也会因此沾染上锈迹，慢慢也会失去光彩。很简单的道理：想要别人尊重你，你先要尊重别人；尊重是相互的，不管对方是什么身份的人。

“渔王”儿子的启示

有个捕鱼的人拥有一流的捕鱼技术，被人们尊称为“渔王”。“渔王”年老了的时候非常苦恼，因为他三个儿子的捕鱼技术都很平庸。于是，他经常向人诉说心中的苦恼：“我真不明白，我捕鱼的技术这么好，我的儿子们却这么差！我从他们懂事起就传授捕鱼技术给他们，从最基本的东西教起，告诉他们怎样织网最容易捕捉到鱼，怎样划船最不会惊动鱼，怎样下网最容易请‘鱼’入瓮。他们长大了，我又教他们怎样识潮汐、辨鱼汛。凡是我长年捕鱼辛辛苦苦总结出来的经验，我都毫无保留地传授给了他们，可他们的捕鱼技术竟然赶不上那些技术比我差的渔民的儿子！”一位路人听了他的诉说后，问：“你一直手把手地教他们吗？”

“是的，为了让他们得到一流的捕鱼技术，我教得很仔细很耐心。”

“他们一直跟随着你吗？”

“是的，为了让他们少走弯路，我一直让他们跟着我学。”

路人说：“这样说来，你的错误就很明显了。你只传授给了他们技术，却没传授给他们教训。对每个人来说，没有教训与没有经验一样，都不能使人成大器！”

心灵感悟

英国小说家、剧作家柯鲁德·史密斯曾经这样说："对于我们来说，最大的荣幸就是每个人都失败过，而且每当我们跌倒时都能爬起来。"只有学会在失败中反思和奋起，我们才能真正学到本领。正是因为不断地经受磨难，人才能变得更加坚强。有时候，人们从失败的教训中学到的东西，比从成功的经验中学到的还要多。无论什么样的失败，只要你跌倒后又爬起来，跌倒的教训就会成为有益的经验，帮助你取得未来的成功。

金钱只认得金钱

美国著名的《财富》期刊曾经在封面上登过一位年仅19岁的年轻人的照片。

他叫詹森·斯维斯彭，一位网站拥有者。他因为在投资家的资助下推出一个名叫"心想事成"的网站而一举成名，在短短的数个月内，网页的访问量达到了900万人次。

这在美国是绝无仅有的，有人惊叹："难道他是下一个比尔·盖茨吗？"

詹森在网站上收益了上亿美元的资金，成为美国的一位网络新贵。

他陷入巨大的成功中，认为自己有非凡的能力，也能办到一切事情。在当时许多人认为这绝不是狂言，因为他的年龄和成就甚至超过了当年的比尔·盖茨。有不少预言家也断定他必然会累积巨大的财富，成为类似于比尔·盖茨那样的影响全球的人物。

不久，美国许多金融机构主动向他提供贷款，给予巨大的财力支持，他的公司很快上市。财富的累积量像雪球一样越滚越大，从原来的1亿余美元扩增到26亿美元。

这简直就是一个财富神话。

他成了美女、媒体追逐的对象，他和世界级的超级模特拍拖约会，和大量的媒体接触，甚至准备拍一部反映他的创业史的电影。他的生活也极尽奢华，他一共花去了3.24亿美元。

不久，美国股市风云突变，詹森公司的股票从原来的每股168美元狂跌到2美元，公司被宣布破产。

仅仅两年后，他变成了一个身无分文的普通人。那些曾经和他热恋的模特和像苍蝇一样追逐他的电影公司全都不见了。

詹森现正在四处筹款准备东山再起，但他发现，原来借钱竟然如此困难。没有一家公司和金融机构愿意借钱给他，这让人觉得不可思议。

最后，他从叔叔那里借到了钱，他又注册了一个网站，但风光不再。

詹森说："经过这些事，我终于明白了，金钱只认得金钱，它不会认得人。以前我失败的原因是，我总认为金钱是认得我的。"

有媒体评价说：这位20岁的年轻人，以后可以成为一位哲学家。

心灵感悟

人很容易在巨大的财富面前失去重心，尤其当这些财富来得很容易的时候。事实上，当财富来得太容易，其中就蕴涵着失败的因素，因为一切东西都需要付出艰苦的努力才能得到，才能踏实地享用。之所以金钱认得金钱，而不认得人，是因为你还不具备强大的能力。

用你的缺点做策划

我一直喜欢一句话：把缺点当特点，把特点当卖点。

有时候，你不要掩盖你的缺点，也不要因为缺点而自卑。

缺点是可以转化的。

这里我想到一个营销大师。

广告界的朋友对于伯恩巴克一定不会陌生。他是国际广告界公认的一流广告大师。

他曾经让甲壳虫在美国从滞销迅速登上进口车第一的宝座。关键之一就是把缺点当特点，把特点当卖点。

当时，甲壳虫刚刚进入美国市场，与美国一贯流行既大又长流线型的豪华轿车显然不符。

尽管甲壳虫在欧洲畅销，但是它确实短小，看上去像个怪胎，与美国

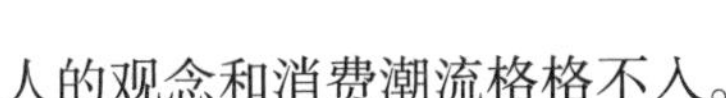

人的观念和消费潮流格格不入。

可以说，小是甲壳虫致命的弱点。

但缺点之中仍然可以挖掘出独特的优点：价格便宜，马力小，油耗低，简单实用，性能可靠。

于是，伯恩巴克索性直接用缺点面对公众。

他打出广告："想想小的好处：停车容易，保险费用低，维修成本低……"

结果，这则广告激发很多美国公众的共鸣，甲壳虫也因此长盛不衰。

后来，伯恩巴克在为艾维斯公司做策划的时候，也采用这种思路。

当时，在出租车行业，赫兹一直位居榜首，艾维斯为了争夺老大不时与赫兹激烈厮杀。无奈实力相差太大，艾维斯屡战屡败，连年亏损。

针对这种情况，伯恩巴克说服艾维斯公司放弃第一的角逐。起初，公司还不同意，毕竟，第一相对于第二名有着无法比拟的优势。最明显的是具有相当高的号召力，凭借第一的定位无须花费太大努力就能够争取到不少顾客。

后来，艾维斯还是被伯恩巴克说服，他们采用了"把缺点当特点，把特点当卖点"的策略——直接告诉公众我们是第二。他们的广告标题是：

艾维斯在出租车行业只是第二位，那为何要与我们同行？

广告正文：

我们更努力。我们不会提供油箱不满、雨刷不好或没有清洗过的车子，我们力求最好。

我们会为您提供一部新车和一个愉快的微笑——与我们同行，我们不会让您久等。

当时，在营销广告传播领域，这算是非常另类的广告。

因为不争第一也要争口气，没有人会公开承认自己不如人。伯恩巴克大胆的举措不仅是一个创意，更是对人性的充分把握和理解。

最简单的消费者逻辑：去艾维斯不用排长队，服务态度好，因为人家更努力。

果然，广告播出之后，立即引起了消费者的广泛关注和同情，产生了相当明显的效果。

艾维斯奇迹般地扭亏为盈。

心灵感悟

"把你的缺点当特点，用特点做卖点"，其中一个关键是你要告诉消费者你的产品的好处，让他们认可你的卖点，转变成他们的买点。这就要求首先洞察消费者的真实需求，洞察人性。人性是关键中的关键。只有摸清了人性的特点，然后就可以投其所好了。

傻瓜大师

在一个城市里，住着一个傻瓜，他以为大家都把他看成傻瓜而感到苦恼。

有一天，一位专门为人解答人生困境的智者，来到这座城市，傻瓜便跑来向智者求助。"你有什么生命的困境呢？"智者问。

"我不喜欢别人把我看成傻瓜，请问有什么方法可以让别人把我看成是聪明人呢？"傻瓜说。

"这非常简单，从现在开始，不管任何事情，你都给予最多最无理的批评，特别是对那些美好的事情加以批评，七天以后，大家都会认为你是聪明人了。""就这么简单吗？那我该怎么做呢？"

"例如，若有人说：'今晚的月色很美！'你就立刻加以批评，直到别人相信月色对人生无用为止。若有人说：'生命中最重要的是爱！'你也立刻加以批评，直到别人相信爱对人生一点也不重要。若有人说：'这本书写得很好！'你仍然立即加以批评，直到别人相信人生根本不需要书。这样，你懂了吗？"

"懂了！懂了！"

傻瓜说："但是只要这么简单，人就会相信我不是傻瓜吗？"

"相信我！我会在这里停留七天，七天之后你来，我保证别人不管你的内在是不是傻瓜，他们都会认为你是聪明人了。"

于是傻瓜就按照智者教导的去做了，他不论听到任何事情，总是立刻跳起来批评，把他所知道的所有非理性的字眼都倾吐出来，直到别人相信他才停止。

七天之后，傻瓜回来探望智者，他的后面跟随着一千多个门徒，对他毕恭毕敬，并且称呼他为"大师"。

心灵感悟

这是一则黑色幽默！在人们的心目中，似乎批评人的人都是有见地的，都是有高深的思想的，那些人云亦云的人自然是没有思想的表现。所以，人们更欣赏那些能够提出批评意见的人，殊不知这些总是批评人的人中也有傻瓜。

生活滋味

山里居住着一位大师和他的两位弟子。其中，大弟子是个非常喜欢抱怨的人。

这天晚上，大师亲自下厨，精心炒了几个菜。然后，师徒三人围坐在一起吃饭。

饭一开桌，大弟子又开始滔滔不绝地抱怨起来，先是抱怨下山的路崎岖难行，然后抱怨由于天旱要走很远的路去挑水，接着抱怨化缘时常遭别人白眼，再就是抱怨庙里的香火比不得其他大庙的香火旺盛……

大师一言不发，静静地听。等大弟子发完一大通牢骚后，大师突然问弟子："今晚的菜味道如何？"

大弟子一愣，说："我刚才光顾说话了，没留意菜的味道。"

大师又扭头问小弟子："今晚的菜味道如何？"

小弟子摇摇头，说："我刚才光顾着听大师兄说话了，也没有注意品尝。"

大师说："那你们现在细细的品尝一下。"

两位弟子分别夹了各种菜肴，用心品尝，然后异口同声地说："师父，您今晚做的菜真的非常的好吃！"

大师微微一笑，说："当你们一个在不停的抱怨，一个在专心的听别人抱怨时，你们两个都忘了享受生活中当前的乐趣。"

心灵感悟

抱怨解决不了任何问题，相反还会给自己带来烦恼。但是，很多人

就是喜欢抱怨。结果，因为忙着抱怨了，错过了最好的挽回损失的时机，错过了人生最好的风景。同样的，有的人总是爱凑热闹，放着自己的正经事不做，结果因为凑热闹耽误了正经事。这两种人都是做不得的，因为他们的做法只会给自己带来烦恼，而人生追求的是快乐。

证人

那天下午，布兰克路过法庭，看见一堆人正往里挤，上前一问，才知道马上有公审。布兰克也挤了进去，在后排的一个旁听席坐下。

被告跟布兰克一样，穿着西装，但没有打领带。被告被指控杀了人。控方的证据是被告具备作案时间，被告辩护的理由是案发当天下午他一直在家。但是，在近两个小时的法庭调查和辩论中，被告未能拿出证据证明案发当天下午他在家。不在案发现场，结果被法官判了死刑，这让布兰克大惊失色，他连忙问坐在他旁边的一位戴夹鼻眼镜的先生："请问先生叫什么名字？"那位先生说："我叫弗兰德。"布兰克说："我叫布兰克。我想，你能证明我今天下午一直在法庭。"弗兰德先生说："对不起，我只能证明你现在在法庭，至于你跟我说话前，你是否在法庭，我不能证明。"布兰克急了："整个下午我都跟你坐在一起，我一步都没有离开这个座位，你怎么不能证明呢？"刚刚走下审判台的法官看见他们俩在纠缠，走了过来。布兰克说："我确确实实整个下午都在法庭，我一直坐在他的旁边。"法官说："你自己说了没用，你得有证人！有人证明你今天下午都在法庭吗？"布兰克望着弗兰德，弗兰德摇摇头。法官说："幸好还没有人指控你！"布兰克惊出一身大汗。

布兰克出了法庭，挤上公共汽车。布兰克拿着售票员撕给他的票问："你这票能够证明我今天下午五点左右在你们车上吗？"售票员说："我们的票只能证明你乘过我们的车，不能证明你在什么时间乘的车。我们是公共汽车。"布兰克小心翼翼地把车票放进内衣口袋。临下车前，他问售票员："请问小姐芳名？"售票员说："我叫玛丽娜。"布兰克指着自己的额头说："我叫布兰克。记住，我这儿有个刀疤。"下了公共汽车，布兰克走进一家面包店。他要了一盘沙拉，一块面包。他跟服务员要发票。服务员说：

“我们这样的小店没有发票。”布兰克说：“刚才那个被告说他案发那天下午三点曾下楼到面包店吃过点心。那家面包店不肯证明，他又拿不出发票之类的证据，结果被判了死刑。”服务员给他写了张条子，证明他某日某时某刻在他们店用过餐。布兰克临走前指着自己的额头说：“我叫布兰克。记住，我这儿有个刀疤。”

布兰克刚到家门口，就敲响了邻居的门。他对邻居说：“你看见了，我现在进门了，你能证明我到了家，我在家里。”布兰克关上门，倒在沙发上睡着了。他醒来，一惊，拉开门，敲开邻居的门说：“你看到了，我在家里。”邻居说；“我只能证明你两次敲我门的时候你在家里，至于其他时间你是否在家，请谅解，我不能证明。”布兰克急得在屋里乱转。他看见了床头柜上电话机。他打通了一个朋友的电话。他说：“我打电话给你，是想让你证明我在家，万一将来有人指控我，你可以为我证明。”朋友说：“从来电显示看，你是在家。但我只能证明你给我打电话的时候你在家，至于不打电话的时候，你是否在家，对不起，我不能证明。”就这样，布兰克不断敲邻居的门，不断打朋友的电话。夜深了，他不能再敲邻居的门，不能再打朋友的电话。他仰在床上，看着天上的星星，想到自己无法证明一个人在家睡觉，他恐惧极了。他下了楼，来到街对面的一个朋友家。他睡在朋友的身边说：“你能证明，我今晚是跟你睡在一起的。”朋友打起了呼噜，他却睡不着觉。想到法庭上那个被判死刑的人，布兰克发现自己以前的生活是多么的危险。他一直一个人生活，他一直过着没有证人的生活，他甚至刻意追求这样孤独的生活。万一有人指控他，他真的会跟那个被告一样，因为没有证人而被判死刑的。他再也不能一个人生活了，那是不可以的，那太危险了。他决定明天就找个证人，一起生活。

心灵感悟

如果生活需要一个证人的见证，那该是多么可怕的事情！很多时候，我们都是独自一人的，没有人能够证明你什么时间到什么时间在什么地方，但是这需要证明吗？证人固然能证明，但是这样的人性还能面对世人吗？还能面对自己的良心吗？如果非要找个证人，还是让良心来做证人吧。

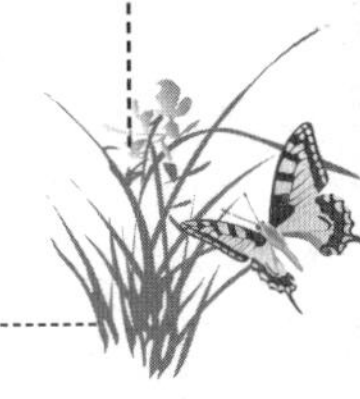

要经得起风浪

有一位教授每天都得乘坐小船到对岸的大学讲学。这一天早上，他又乘坐小船，途中他忽然兴致勃勃地指着空中问渡船的人："船家，你对天文学认识多少？"

船家很惭愧地回答说："教授，我因为受教育不多，所以对天文学一无所知。"教授得意扬扬地说："天文学你不懂？那你已经失去了25%的生命了。"

过了不久，教授又问："船家，那你对生物学认识多少呢？"船家更羞愧地回答："对不起，教授。我也不懂什么是生物学。"教授惊异地说："连生物学你也不懂？

那你可以说你已经失去50%的生命了。"又过了不久。教授指着水中的芦苇问："那你到底知道不知道什么是植物学呢？"船家惭愧地连头也不敢抬，小声地答："我……我不知道。"教授忍不住大笑起来说："那你可以说已失去了75%的生命了！"就在这时，忽然刮起了大风，天色大变。暴雨骤来。

小船在风浪中撞到了大石，船底破了一个洞。河水马上涌了进来，眼看小船就要沉没了，船家连忙准备跳水逃生，于是他便关心地问教授："你到底会不会游泳？"教授已经吓得面无人色地回答："我就是不会游泳啊！"船家很同情地说："那看来你马上就要失去100%的生命了。"说完他就跳水逃生去了。

心灵感悟

一个人最大的价值并不在于他受过多高的教育，而是在于他有没有经得起生活中的风浪的技能。在经济不景气时，我们看见不少受过高深教育的会计师、工程师等因失去了工作而不知所措，前途茫茫。但是我们不曾见过一名受过良好训练的推销人员，在经济不景气时手忙脚乱。只要用心学习，推销事业不但能实现理想的生活，它更可贵的是把一名成功的推销员训练成一个成熟、自信、技巧、经得起风浪的人。

埋在地下的人生哲理

在新疆吐鲁番以东42公里的戈壁沙滩上，有一座举世称奇的“地下博物馆”。那里不但保存着大量千年不腐的古人干尸，还珍藏着无数的珍贵文物，它就是著名的阿斯塔那古墓群。

阿斯塔那古墓群位于著名的高昌古城北郊，整个墓群从古城东北一直延伸到西北，东西长约5公里，南北宽约2公里。在约10平方公里的范围内，埋有自晋至唐的古墓数千座。这些墓葬没有碑刻、祠堂、树林等地面纪念物，甚至连封土都没有。地面上除了砾石沙丘，几乎见不到任何墓葬标志。每座墓葬基本上都由斜坡墓道和深约四五米的单室或双室墓室组成，极个别的还有天井。墓中的尸体就摆放在土洞墓室中的土台子上。由于当地气候极为干燥，80%的尸体葬后都变成干尸——木乃伊。

墓葬中保存的文物也极为丰富。仅文书一项，目前就已整理出1700多件。这些文书，上迄西晋，下至唐代，历时500多年，包括契约、账簿、官府文书、信札、经籍写本等；大自典章制度、重大历史事件及人物，小到礼尚往来等生活琐事，涵盖了当时社会的经济、军事、思想、文化等各个方面。墓中随葬的大量陶俑、木俑、丝织品等物品，也有较高的艺术价值。

墓中还保存了大量彩绘壁画。这些壁画内容广泛，题材多样，从多方面反映了当时的社会生活面貌。尤为难得的是，在一座墓的墓室中，保存了6幅壁画。这6幅壁画从不同方面，反映了墓主人的道德操守和理想愿望，也阐发了一些可贵的人生哲理。

第一幅画画着一个欹器，墓主人以此警戒自己：满招损，谦受益，时刻都不能骄傲自满。这种欹器，是一种两头稍尖、支点易偏的盛水容器。无水时，它向一边略微倾斜；盛满水时，它立即会向一边倾倒；水不满时，则可稳定地挂在特定的支架上。于是古人便将其置于案侧，取名“宥坐”，放在座位右边，当作劝告之器。当年孔子在鲁桓公庙看到这种欹器时，便说：“吾闻宥坐之器者，虚则欹，中则正，满则覆。”确切地说明了欹器的特点。

第二幅画画一绿衣人，胸前写有“玉人”二字。“玉人”原为周朝太

庙阶下的雕像，表情温和，好像在控制着内心的欲念。其意在教人节制物欲，修身养性，端正操守，守身如玉。

第三幅画画一人用布巾勒住嘴巴，胸前写有“金人”二字，意为做人应该少说多做，惜言如金。这里用的是“金人缄口”的典故，说的是孔子曾在周朝太庙右阶下，看见铸着一个金人（铜人），嘴上被布缠绕三周，即“三缄其口”，背后有铭文：无多言，多言多败；无多事，多事多患。

第四幅画画一人两手张开，侃侃而谈，胸前写有“石人”二字，意在教人要敢于仗义执言，立场坚定。“石人”原也是周朝太庙阶下的雕像，与右阶“金人”的位置相对，胸前也有铭文：无少言，无少事。

第五幅画为墓主人的画像，他正在屏神凝息，闭目深思，也许正在考虑如何应对这复杂的人生？

最后一幅画画一筒状容器，上有一刻度线，东西装得过了线，便会从筒底漏掉，意为做人应当廉洁，不要贪得无厌……

六幅普通的画，却讲述了如此丰富的人生哲理，也留给人们太多的思索……

心灵感悟

六幅画就像六面镜子，让人们从中看到了自己真实的内心。很多时候，我们不能控制自己，以至于被这些身外之物牵着鼻子走。当心中填塞了太多欲念的时候，心真的就已经麻木，感觉不到颤动了，这样的人生还有什么意义呢？不能为高兴的高兴，不能为悲伤的悲伤，不能为舍弃的放手……不能做的统统都在做……

挫折，是年轻人最好的礼物

他刚从军中退伍时，只有高中学历，无一技之长，只好到一家印刷厂担任送货员。

一天，这个年轻人将一整车四五十捆的书，送到某大学的七楼办公室；当他先把两三捆的书扛到电梯口等候时，一位五十多岁的警卫走过来，说：“这电梯是给教授、老师搭乘的，其他人一律都不准搭，你必须走楼梯！”

年轻人向警卫解释:“我不是学生，我是要送一整车的书到七楼办公室，这是你们学校订的书啊！”可是警卫一脸无情地说:“不行就是不行，你不是教授，不是老师，不准搭电梯！”两人在电梯口吵半天，但警卫依然不予放行，年轻人心想，这一车的书，要搬完，至少要来回走七层楼梯二十多趟，会累死人的！后来，年轻人无法忍受这“无理的刁难”，就心一横，把四五十捆书搬放在大厅角落，不顾一切的走人。

后来，年轻人向印刷厂老板解释事情原委，获得谅解，但也向老板辞职，并且立刻到书局买下了整套高中教材和参考书，含泪发誓，我一定要奋发图强，考上大学，我绝不再让别人瞧不起。

这个年轻人在联考前半年，天天闭门苦读十四个小时，因为他知道，他的时间不多了，他已无退路可走，每当他偷懒、懈怠时，脑中就想起“警卫不准他搭电梯”被羞辱、歧视的一幕，也就打起精神、加倍努力用功。

后来，这个年轻人终于考上某大学医学院。如今，二十多年过去了，他也变成一家开业诊所的中年医生，然而，他静心一想，当时，要不是“警卫无理刁难和歧视”，他怎能从屈辱中擦干眼泪、勇敢站起来？而那位被他痛恨的警卫，不也是他一生中的恩人吗？

这故事让我想起，念高中时，班上有位调皮的男生，成绩普通，并不杰出。一天，物理老师发下一道很艰深的试题，要同学当家庭作业，隔天上课时，每个同学几乎都答不出来，可是，却只有那调皮的陈同学解出来了！

“陈某某，你老实说，这作业是不是你哥哥帮你做的？我知道你哥哥的物理很厉害。去年我教过他.”老师问。

“是我自己做的啊！老师，你怎么可以诬赖我？”

“少来，你少骗我啦！不是自己写的，干吗那么不要脸，硬是说是自己写的？”

物理老师站在台上嘲讽地说:“哎呀！你少丢脸了啦！你的程度我很了解，你不用骗我啦！”

当时，我转过头，看到小陈低着头，抿着嘴，眼光闪着泪水，他没有再回嘴，只是一直低着头，假装看着书，而他的眼泪，也一颗颗的滴在课本上。

联考放榜后，争气的他，考上某大学物理系，毕业，当兵退伍后，他更留学美国，现在，已拿到“物理学博士”的学位回国。而我，永远忘不了在高中时他对我说的一句话:“那一题，明明是我自己做对的，他(物理老师）干吗不相信我，还当众嘲笑我、瞧不起我？以后，我的物理，一定要比他更厉害！”

心灵感悟

有人曾说：“失意时需要忍，得意时需要淡。”的确，人，都有失意，不顺遂的时候，然而，我更相信！“挫折，是年轻人最好的礼物！”人只有在遭遇挫折，被他人百般刁难、歧视、嘲讽时，才能“打醒自己”，让自己被“当头棒喝”而惊醒过来！这岂不是一生中最珍贵的礼物？因此。如果现在的挫折，能带给你未来幸福，请忍受它。如果现在的快乐，会带给你未来不幸，请抛弃它。“生命中的每个挫折、每个伤痛、每个打击，都有它的意义。”

隐鱼的致命错误

隐鱼是活动于海洋深处的小鱼，头部和尾部很尖。正是因为这种奇特的身形，成就了它“隐身”的特殊本领。那么，它到底是如何“隐身”的呢？原来，它“隐身”就是钻进海参的肠道。平时，隐鱼四处游动寻找海参，当发现目标时，便靠近海参并找准海参的肛门，然后转个身将尾部先插进去，不一会儿，它那细长的身子都钻进了海参体内。因为海参体内只是一条直肠子，钻进海参体内的隐鱼，吃着海参体内流进流出的海水带来的食物，过起了安逸的生活。有人不禁要问，为什么隐鱼“隐身”时尾部先钻进去呢？这是因为隐鱼的肛门在喉部，它必须在一定的时间内将头伸出腔道，将排泄物排出。

那么，有了这种特殊本领的隐鱼是否就平安无事了呢？不是这样的。当没有“隐身”的隐鱼受到攻击时，它便会迅速寻找海参“隐身”。平常它们都是尾部先进入海参肠道，可当它受到攻击时由于着急，往往是头部先钻进去。

这样，它就犯了一个致命的错误：当它排泄的时候，因为排泄物无法排出海参体外，只能堆积，慢慢堵住海参的腔肠，海参不久便会死亡，而隐鱼也因为食物不足，而饿死海参腹内。

心灵感悟

隐鱼在紧急时刻忘记肛门在喉部，先把头钻进腔肠，这是一个致命的错误。人也是如此，我们往往会在危急之时忘记自己的致命弱点。由此看来，锤炼一颗处变不惊的心对生存是多么的重要。

莲花池神

有一位在森林里修行的人，非常的纯净，也非常的虔诚，每天只是在大树下思索、冥想、打坐。

一天，他打坐感到昏沉，就起身在林间散步，偶然走到一个莲花池畔，看到莲花正在盛开，十分的美丽。

修行人心里升起了一个念头：这么美的莲花，我如果摘一朵放在身边，闻着莲花的芬芳，精神一定会好得多呀！

于是，他弯下身来，在池边摘了一朵，正要离开的时候，听到一个低沉而巨大的声音说："是谁？竟敢偷采我的莲花！"

修行人环顾四周，什么也看不到，只好对着虚空问说："你是谁？怎么说莲花是你的呢？"

"我是莲花池神，这森林里的莲花都是我的，枉你是个修行人，偷采了我的莲花，心里起了贪念，不知道反省、检讨、惭愧，还敢问这莲花是不是我的！"空中的声音说。

修行人的内心升起了深深的惭愧，就对着空中顶礼忏悔："莲花池神！我知道自己错了，从今以后痛改前非，绝对不会贪取任何不属于自己的东西。"

修行人正在惭愧忏悔的时候，有一个人走到池边，自言自语："看！这莲花开得多肥，我该采去山下贩卖，卖点钱，看能不能把昨天赌博输的钱赢回来！"那人说着就跳进莲花池，踩过来踩过去，把整池的莲花摘个精光，莲叶全被践踏得不成样子，池底的污泥也翻了起来。然后，他捧着一大束莲花，大笑扬长而去了。

修行人期待着莲花池神会现身制止，斥责或处罚那个摘莲花的人，但

是池畔一片静默。

他充满疑惑地对着虚空问道："莲花池神呀！我只不过谦卑虔诚地采了一朵莲花，你就严厉地斥责我，刚刚那个人采了所有的莲花，毁了整个莲花池，你为何一句话也不说呢？"

空中莲花池神说："你本来是修行人，就像一匹白布，一点点的污点就很明显，所以我才提醒你，赶快去除污浊的地方，回复纯净。那个人本来是个恶棍，就像一块抹布，再脏再黑他也无所谓，我也帮不上他的忙，只能任他自己去承受恶业，所以才保持沉默。你不要埋怨，应该欢喜，你有缺点还能被人看见，看见了还愿意纠正教导你，表示你的布还很白，值得清洗，这是值得庆幸的事呀！"

心灵感悟

当一个人的缺点能够很快察觉出来的时候，这样的时候是幸福的，因为能够看到自己的缺点，能够有针对性地改进，也才能够始终保持心灵的纯净。否则，就像一块抹布，即使在上面泼上污水，它也感觉不出什么不一样来。愿意做摆布还是做抹布，全在于一个人的品性。

困境即是赐予

困境即是赐予，一个障碍，就是一个新的已知条件，只要愿意，任何一个障碍，都会成为一个超越自我的契机。

有一天，素有森林之王之称的狮子，来到了天神面前："我很感谢你赐给我如此雄壮威武的体格、如此强大无比的力气，让我有足够的能力统治这整座森林。"天神听了，微笑地问："但是这不是你今天来找我的目的吧！看起来你似乎为了某事而困扰呢！"狮子轻轻吼了一声，说："天神真是了解我啊！我今天来的确是有事相求。因为尽管我的能力再好，但是每天鸡鸣的时候，我总是会被鸡鸣声给吓醒。神啊！祈求您，再赐给我一个力量，让我不再被鸡鸣声给吓醒吧！"天神笑道："你去找大象吧，它会给你一个满意的答复的。"于是狮子兴冲冲地跑到湖边找大象，还没见到大象，就听到大象跺脚所发出的"砰砰"响声。狮子加速地跑向大象，却看到大象正气呼呼地直跺脚。狮子问大象："你干吗发这么大的脾气？"

大象拼命摇晃着大耳朵，吼着："有只讨厌的小蚊子，总想钻进我的耳朵里，害我都快痒死了。"

狮子离开了大象，心里暗自想着："原来体型这么巨大的大象，还会怕那么瘦小的蚊子，那我还有什么好抱怨呢？毕竟鸡鸣也不过一天一次，而蚊子却是无时无刻地骚扰着大象。这样想来，我可比它幸运多了。"

狮子一边走，一边回头看着仍在跺脚的大象，心想："天神要我来看看大象的情况，应该就是想告诉我，谁都会遇上麻烦事，而它并无法帮助所有人。既然如此，那我只好靠自己了！反正以后只要鸡鸣时，我就当作鸡是在提醒我该起床了，如此一想，鸡鸣声对我还算是有益处呢？"

心灵感悟

在人生的路上，无论我们走得多么顺利，但只要稍微遇上一些不顺的事，就会习惯性地抱怨老天亏待我们，进而祈求老天赐给我们更多的力量，帮助我们渡过难关。但实际上，老天是最公平的，就像它对狮子和大象一样，每个困境都有其存在的正面价值。

如果你只接受最好的，你经常会得到最好的

有一个人经常出差，经常买不到对号入座的车票。可是无论长途短途，无论车上多挤，他总能找到座位。

他的办法其实很简单，就是耐心地一节车厢一节车厢找过去。这个办法听上去似乎并不高明，但却很管用。每次，他都做好了从第一节车厢走到最后一节车厢的准备，可是每次他都用不着走到最后就会发现空位。他说，这是因为像他这样锲而不舍找座位的乘客实在不多。经常是在他落座的车厢里尚余若干座位，而在其他车厢的过道和车厢接头处，居然人满为患。他说，大多数乘客轻易就被一两节车厢拥挤的表面现象迷惑了，不大细想在数十次停靠之中，从火车十几个车门上上下下的流动中蕴藏着不少提供座位的机遇；即使想到了，他们也没有那一份寻找的耐心。眼前一方小小立足之地很容易让大多数人满足，为了一两个座位背负着行囊挤来挤

去有些人也觉得不值。他们还担心万一找不到座位，回头连个好好站着的地方也没有了。与生活中一些安于现状不思进取害怕失败的人，永远只能滞留在没有成功的起点上一样，这些不愿主动找座位的乘客大多只能在上车时最初的落脚之处一直站到下车。

心灵感悟

自信、执著、富有远见、勤于实践，会让你握有一张人生之旅永远的坐票。

悬念中的哲理

在一家海鲜馆里，一群旅游者正在进晚餐。他们一边品尝菜肴，一边即兴谈天。鱼端上来了，大家七嘴八舌地讲起一些关于在鱼肚子里发现珍珠和其他宝物的轶事趣闻。

一位长者一直默默地听着他们闲聊，终于忍不住开口了："听了你们每个人所讲的故事，都很精彩，现在我也讲一个吧。我年轻的时候，受雇于香港一家进出口公司。像所有的年轻人一样，我和一位漂亮的姑娘相爱了，很快我们就订了婚。就在我们要举行婚礼的前两个月，我突然被派到意大利经办一桩非常重要的生意，不得不离开我的爱人。"

老人顿了顿，接着说："由于出了些麻烦，我在意大利待的时间比预期长了许多。当繁杂的工作终于了结的时候，我便迫不及待地准备返家。起程之前，我买了一只昂贵的钻石戒指，作为给未婚妻的结婚礼物。轮船走得太慢了，我闲极无聊地浏览着驾驶员带上船来的报纸，消磨时间。忽然，我在一份报纸上看到我的未婚妻和另一个男人结婚的启事。可想而知，当时我受到了怎样的打击。我愤怒地将我精心选购的钻石戒向大海扔去。"

他沉默了一会儿，神情落寞地说："回到香港后，我再也没有找女朋友，一个人孤单度日，转眼几十年过去了。有一天，我来到一家海味馆，一个人闷闷不乐，慢慢地进餐。一盘咸水鱼端上来了，我用筷子胡乱夹了些塞进嘴里，嚼了几下，忽然喉咙被一个硬东西哽了一下。先生们，你们可能已经猜出来了，我吃着了什么？"

“当然是钻戒！”周围的人肯定地说。

“不！”老人凄凉的说：“我开始也是这么认为的，饭后才知道，是我一颗早就磨损得差不多的摇摇欲坠的牙齿滑进了喉咙。”

这一次轮到大伙张大惊讶的嘴巴了。

心灵感悟

尽管我们在不断规划自己的人生，在不断设计自己的人生道路，但是生活并不会完全按着你的设计走，总会有很多意想不到的结局出现，而这些正是生活中极易发生的平常事，而不是想象中的奇迹。

老禅师

有一个老禅师的故事：

他躺在床上准备临终，那一天已经来临，他宣布当天晚上他就会走了。所以他的弟子、友人纷纷来到他的住所，许多爱他的朋友从大老远的地方赶来看他。

一位大弟子听到师父即将圆寂的消息时马上跑去市场，有人问他：“师父就快过世了，你为什么还往市场去？”大弟子回答：“我知道师父特别钟爱某一种蛋糕，所以我要去市场买这种蛋糕。”

但是，要找到这种蛋糕不大容易，不过在傍晚前总算给他找到了，他提着蛋糕赶回去见师父。

大家都有点担心，看起来师父好像在等某个人，他会张开眼睛看看，然后又合上眼，当这位大弟子赶到的时候，他说：“你终于来了，蛋糕呢？”大弟子奉上蛋糕，他很开心师父想吃这个蛋糕。

死亡正逐渐降临，师父将蛋糕拿在手上，但他的手并不发抖。有个人问道：“你年纪这么大了，而且正在临死边缘，随时都有可能咽下最后一口气，但你的手却不会颤抖？”

这位师父说：“我从未颤抖，因为我没有恐惧，我的身体已经老了，但我依然年轻，就算身体走了，我也依然年轻。”

接着他品尝了一口蛋糕，开始吃得津津有味。某个人问他：“师父，您

有没有什么最后的话要告诉我们的？您很快就要离开我们了，您有没有特别要我们记住的事？”

师父脸上泛起微笑，他说：“啊，这蛋糕真好吃！”

心灵感悟

这就是活在当下的人：这蛋糕真好吃！即使死亡都不重要了，下一刻的事没有任何意义，这个片刻的蛋糕好吃才重要。如果你能在这个片刻，在当下这个片刻，唯有如此你才能爱。

快乐的猩猩

动物王国的成员在不断发展壮大，很快，它们现有的家园已无法供它们生养栖息了。为此，狮王颁布法令，准备组织一支探险队，去没有同类足迹，没有人类生存的地方寻找新的生存环境。

骆驼被任命为探险队队长，探险队其他成员包括猩猩、长颈鹿、大象、狐狸，大伙收拾一番后，便踏上寻找新家园的探险征途。一路上，队员们在骆驼队长的带领下，趟河流，过草地，翻大山，穿沙漠，历尽千辛万苦，还是没有找到理想的家园。有的队员已心灰意冷，有的队员不停地抱怨，路有多难走，食物有多难吃……只有猩猩一路上始终显得很愉快。

有一天清晨，猩猩起床去河边洗脸，当它回到营地时，其他队员才刚刚起床。“早上好，伙计们。”猩猩愉快地向其他队员打着招呼。可是它们一个个都没有反应。

“嗨，伙计们，今天的天气多好啊！”猩猩再一次向同伴们打招呼，并轻轻地哼起歌来，狐狸带着讽刺的口吻问猩猩。

“是的，你说得没错。”猩猩说，“正如你所说的，我是很得意，我真的觉得很愉快。不过，我只是把使自己觉得幸福当成一种习惯罢了。”

心灵感悟

如果幸福已经成为一种习惯，你还会不快乐吗？

第六篇

每个生命都值得尊重

尊重，是脸上一抹真诚的微笑；尊重，是在他人发表不同意见时的倾听；尊重，是为别人付出的努力而鼓掌。

尊重别人就是尊重自己。尊重是一种大智慧，因为懂得所以慈悲。尊重会让人心情愉悦呼吸平顺，尊重可以改变陌生或尖锐的关系，若是有对彼此足够的尊重，战争都不是不可避免。

古人云爱人者人恒爱之，重人者人恒重之。

尊重，并不只是做给别人看的。

圣洁的报酬

2006年7月，我作为联合国义工服务组织（UNV）的一员，去南非做了半年的义工。

现如今，南非经济发展很迅速，富人增多的同时，穷人们的日子却越来越不好过了。大批的贫民拥挤在市区的贫民窟中，有些人为了省钱，甚至两三天才能吃上一顿饭。根据官方最新公布的数字，南非目前仍有450万无业游民，其中有350万人几乎已经失去了继续寻找工作的信心。

7月的中国，正值盛夏，但远在南半球的南非却正处于一年之中最寒冷的季节。我们的任务就是，尽量帮助那些滞留在首都比勒陀利亚的来自姆普马兰加省的贫民（尤其小孩），给这些居无定所，在瑟瑟寒风中艰难求生的穷人捐衣捐物，帮助他们度过一年当中最难熬的日子。

我们这一组一共6个人，分别来自中国、英国、法国和新西兰。其中留着一脸蓬乱的红胡子的英国人马丁已经在这里做了3年义工，是我们这群人中资格最老的一个。

第一次执行任务是马丁带我们去的。那一天，我们到批发市场去购买衣服、被子、玉米粉和饼干，细细地挑好货物以后，本以为结完账就可以走人了，可我们站在门口等了十多分钟也不见马丁出来。我们重新返回店里的时候，发现马丁还在那儿和一个看上去相当精明的黑人批发商耐心地砍价呢，锱铢必较。

购置完物品，我们开着日本人捐助的3辆丰田工具车，直奔郊外一个叫利比利亚的废旧市场。

说实话，尽管到之前我有相当的心理准备，但目睹眼前的一切，还是吃惊不小。在这个废弃的农场上，到处是贫民用铁皮和木板搭建的简易住房，四壁透风，杂乱无章。更糟糕的是这么大一片贫民窟，我竟然没有看到一根电线和自来水管，半封冻状态的污水肆意横流，让人无处下脚。

可能听到外边有动静，最先冲出来的就是那些可爱的孩子们。衣衫褴褛的他们在寒风里瑟瑟发抖，瞪着单纯的大眼睛，揣测着我们的来意。

望着这些可怜的孩子，我迫不及待地从车上拿出衣服就朝他们走去。

“刘，你在做什么？”马丁突然大声问我。我扭头看到他正瞪着我，眼睛里是一股掩藏不住的火气。

“快点把东西送给他们啊，这些孩子急需。”我解释说。

“把东西放下！”马丁冲到我眼前，涨红着脸，近乎粗鲁地夺下我手里的衣服。我莫名其妙地望着他，一时不明白他哪来的脾气。旁边的法国人雷诺上前拉开我说：“刘，不是这样的，你不能就这样把捐赠物送出去……”

余怒未消的马丁面对围上来的孩子们，立刻变成一副温和的笑脸。柔声问道：“孩子们，愿意帮我们做点事情吗？”

那些可爱的孩子们怯生生地咧着嘴笑，露出一口洁白的牙齿。其中一个被他的同伴恶作剧似的推了出来。

“非常好。”马丁鼓励说，“如果你能帮我们把车上的东西搬下来的话，我想，你会得到酬劳的。”

在同伴的怂恿下，那个小家伙真的走过去，接住了新西兰人菲思从车上递下的一小袋玉米粉。

“好极了，”马丁夸张而富有感染力地叫着，“小家伙，谢谢你的帮助，这是你应得的劳动报酬。”他把一身棉衣和一小桶饼干递给了那个孩子。孩子愉快地接过这些劳动所得，兴奋得两眼放光。

“小家伙们，你们看到了，车上东西很多，有谁愿意继续帮助我们呢？”马丁半蹲在这些孩子们面前，亲切地问道。

孩子们尖叫一声一拥而上，嬉笑中很快帮我们把东西从工具车上卸了下来。理所当然的，每个人都得到了一套棉衣和一份玉米粉或饼干。

这时，闻讯赶来的其他孩子看到已经没有任何事情可以做的时候，眼里不由得流露出失望和对得到“酬劳”的同伴的妒忌。马丁挥着手，很兴奋的样子，大声叫着：“孩子们排好队，我知道你们的歌声很甜美，为什么不给我们唱首歌呢？当然，你们也会得到理所应当的酬谢。”

那些孩子受到了鼓舞，一边拍手一边舞动起来，歌声随后响起。他们唱得非常认真，唱完之后果然逐一得到了一份礼品。

整个下午，在马丁的策划下，我们热热闹闹地把所有的物品按计划发给了孩子们。当我们离开时，这些孩子恋恋不舍地跟出好远。

在回去的车上，马丁主动跟我道歉说：“刘，我下午的态度不好，请你原谅。但你知道吗？我们不能让孩子觉得这些东西是他们理所应当得到的，这样会养成他们不劳而获的惰性。他们本来就生活在一个很糟糕的环境中，我们就更应该从小培养他们树立起改变生活状况的信心。而且，人生来是平等的，如果我们居高临下地进行施舍、捐赠，会让孩子们的自尊受挫，长大后会留下心理疾病的隐患……刘，没有什么比孩子们健康成长更重要的了。”

那一天，马丁的所作所为给我上了生动的一课，他让我懂得，炫耀的爱心是一柄砍平人理想的利刃，它不但会拧干弱者奋发的信念，还让他们在阳光下赤裸裸地展示血迹斑斑的伤口。这种帮助是残忍的，有损人尊严的。而如何割断弱者旁逸斜出的自卑情绪，并帮助他们坚持做人的高贵情操，则是施与者必须学会的高妙技巧。

心灵感悟

每个尊严都是无价的，所以不要轻易亵渎它。真正的帮助不是施舍，而是维护他们的尊严，让他们自己凭能力得到。

善举是不能“挥霍”的

里斯本是葡萄牙的首都，位于欧洲大陆西端，经济比较发达，人口却很少，相当于中国的一个小城市。

里斯本西南50公里处有一个天然湖。由于交通便捷，环境优美，这个湖成了市民休闲、游乐的胜地。

一个周末，我带着儿子，将从市场上买来的一只乌龟带到湖边，准备放生，想以此教育孩子多做好事，要有爱心。

湖边的景色很美，大片芦苇为天然湖增添了一道美丽的风景，让人遗憾的是，湖水有点儿浑浊。

正当儿子准备将乌龟放入湖中时，一位身穿工作服、自称费戈的男子对我说：“抱歉，先生，请制止你的孩子。”

我吃惊不小，带着疑问的目光看了看他。费戈看到我吃惊的样子，也是一脸的惊讶，似乎难以理解我为什么会有这种疑问。由于费戈的坚持，我只好让儿子住手。看到孩子将乌龟重新装进袋子里，费戈满意地离开了。

我注意到，不远处，几个人正在割芦苇，芦苇顷刻间被放倒了一大片，费戈却在一旁不闻不问。

我儿子很激动，跑到那几个人面前大声喊叫，要求他们停止这种破坏生态的举动。那几个人被我儿子吓了一跳，只好求助于费戈。费戈于是要求我们不要打扰他人工作。

我火了，大声责问。费戈看无法阻止我们，就报了警。两分钟后，一个警察赶来。听了双方的陈述后，警察对我说："先生，你是不是刚来里斯本？你们眼中的那些'善举'，在这里没有意义。"

我一听，头都大了："难道你们国家拒绝市民做好事吗？"

警察说："先生，你知道这里的芦苇为什么要被割掉吗？以前，这里的人们很注意保护芦苇，为了让它们更好地生存，疏松了周围的土壤，捕捉害虫。就这样，芦苇大量生长。可是，田鼠生活在芦苇丛中，芦苇根为田鼠提供了大量食物。后来，这里闹过几次严重的鼠灾，人们才开始有计划地割芦苇。"

警察看了看我，接着说："你们刚才放生乌龟被制止，我觉得费戈没有错。一年来，每逢节假日，湖边就有人来放生乌龟和鱼。被放生的乌龟钻入泥中，大量繁殖，导致湖水浑浊。"

原来是这样！

下面这件事也告诉我，善举是不能"挥霍"的。

韦尔斯是我在里斯本时一个租房住的邻居。韦尔斯一家生活很困难，申请了政府救济，每月可以领到300欧元，这些钱勉强够韦尔斯一家吃饭。韦尔斯整日生活在忧愁中，我很同情他，有时在超市里看到他，就主动帮他"埋单"。我第一次这样做时，韦尔斯很尴尬；第二次，他让太太把钱还给了我。他太太对我表示了感谢，然后说："韦尔斯还有能力，请不要剥夺他工作的权利。"

原来，韦尔斯虽然贫困，但没有失去劳动的能力，政府不会提供大量福利，以免变相剥夺韦尔斯工作的权利。

心灵感悟

什么事情都不要想当然，尽管你的初衷可能是好的，但是好的初衷未必带来好的结果。做事情要做通盘的考虑，这样善举才不会变成恶果。

碰到黑球以后

2009年12月13日凌晨，斯诺克英国锦标赛半决赛上，两位当今世界大师级的选手狭路相逢——“火箭”奥沙利文对阵“巫师”希金斯。这两个人，一个世界排名第一，一个世界排名第二，这本该是一场势均力敌、惊心动魄的对决，然而出人意料的是，“火箭”的状态出奇地差，失误连连，很快就被希金斯以8 ：4的比分拉开差距。希金斯只要再拿下一局，就将杀入决赛。

一切也仿佛朝着有利于希金斯的方向发展。第13局开始后，希金斯做了一个漂亮的“斯诺克”（制造障碍让对手无法击球或因击错球而让自己得分），这时，被称作“台球史上最具争议的插曲”出现了。“火箭”连续解球6次未果，一次次地送分给希金斯，第7次解球时，情急之下的他不小心用手碰到了黑球，根据比赛规则，此举要被罚掉7分。“火箭”主动示意裁判自己犯规了，裁判当即扣掉他7分，同时示意希金斯开球。这一下，希金斯不干了，因为虽然“火箭”被罚分，但他却避免了继续解球的尴尬，无异于因祸得福。于是希金斯找裁判理论，认为应该让“火箭”继续解球。当值裁判虽然执法经验丰富，但这种情况恰恰遭遇了斯诺克规则的漏洞，他也无法做出肯定的判罚。经过一番交流，裁判最终决定：维持原判，希金斯只得无奈地接受。接下来，形势发生逆转，情绪受到影响的希金斯状态急剧下滑，而运气似乎转到“火箭”一边来，他顺利拿下此局。

就在观众还在猜测“火箭”是否钻了规则的漏洞而有意犯规时，“火箭”已一鼓作气地把比分追至8 ：8，将比赛拖入决胜局。最后一局，两人的比分一度咬得很紧，究竟鹿死谁手还很难说。转眼比赛打了20分钟，希金斯以微弱的优势领先，轮到“火箭”开球时，他只需一杆就能追平比分，只需正常的发挥就能反超比分。人们屏息凝视，看着他拿起球杆缓缓走向球台。这时，戏剧性的一幕又发生了。只见他突然停住脚步，转身走向裁判，示意自己放弃比赛，然后微笑着和希金斯握手。天哪！在他连追4局的大好形势下，他竟然主动认输！全场观众懵了，他解释说：“说实话，今天的比分应该是9 ：4，今晚我的发挥很不好，虽然我对自己能追到

8 : 8感到很满意，但是我从来都没想过我能赢，最后的比分很公平，因为希金斯才配得上胜利。”同时，他还正面回应了那个争议球：“我真的不是故意去碰黑球犯规的。”

对于奥沙利文的说法，希金斯表示了认同：“他从来都不会故意犯规的，他是斯诺克界最诚恳的人之一。”

心灵感悟

碰到黑球以后，你的态度将决定你是否能赢得尊严和收获人们的尊重。

罚点球的物理知识

1998年，世界杯足球赛中的一场要以残酷的点球方式决出胜负。英格兰在点球大战中再次失利于老对手阿根廷，其中巴蒂射的点球没有射入球门。

这时，一位英国绅士德里克·劳博士（世界著名核弹专家），再也按捺不住心中的怒火。提笔给英格兰足球教练写了下面的信：

尊敬的霍德尔教练：

请允许一位前诺贝尔物理学奖候选人（1994）向您阐明一个浅显的物理学道理。

我对于您率领的英格兰队的情况了解不多，尤其你们的点球训练方式。但从你们输给阿根廷队这场球来看，你们缺乏一些基本的科学概念。英格兰是由于无知和缺乏教育而被淘汰出局的，可我们实在是一个文化水平很高的传统国家。

从物理学的角度来看，成功率最高的点球应该是紧贴着地面飞入大门的。一个身体素质良好的守门员很容易向上或向左右两侧跳跃，把球扑出来。但是当他用手向下扑球时，他的重心必须急速下降，而手部向下移动的速度平均只有每秒32英尺（1英尺约等于0.304米）。这种移动受到地心引力的影响，这一速度与皮球前冲的速度相差很远，所以，贴着地面的点球是守门员最难扑出的球。

然而您选择了巴蒂，巴蒂又选择了一种成功概率最低的半高球。或许

您不相信，在巴蒂射门的那一瞬间，我已经感觉到了英格兰的失败。这是一种基本科学知识贫乏的失败。

如果您觉得我的描述是在浪费时间的话，那么我宁愿去陪我母亲聊天。她今年快90岁了，可还是坚持看完了这场球赛……虽然对她的健康不利。要是你们在赛前进行过一些简单的数理分析，或者对力学有过一点涉猎的话，您应该可以指导队员踢好每一个点球。这样，阿根廷队就不可能再留在法国了。

最后给您举个例子，还记得巴乔的两个点球吗？上届世界杯足球决赛，他打球门上部死角，结果球打飞了。这次对智利队，他就踢出了一个紧贴地面的球，智利守门员虽然做出了正确的反应。但无法将球扑出——他的腿部力量还无法与地心引力合拍。巴乔以后射点球还会采取这种正确的科学方式。

回国后，您还是和您的队员一起好好补习一下物理吧。

心灵感悟

也许博士的举动有些多此一举，有些过于认真了，但是，做任何事情掌握其中的科学和规律，才是做好一件事情的关键。

学会自尊

电影明星洛依德将车开到检修站，一个女工接待了他。她熟练灵巧的双手和俊美的容貌一下子吸引了他。

整个巴黎都知道他，但这个姑娘却丝毫不表示惊讶和兴奋。“您喜欢看电影吗？”他不禁问道。“当然喜欢，我是个影迷。”她手脚麻利，很快修好了车。

“您可以开走了，先生。”

他却依依不舍：“小姐，您可以陪我去兜兜风吗？”

“不，我还有工作。”

“这同样是您的工作。您修的车，难道不亲自检查一下吗？”

“好吧，是您开还是我开？”

“当然我开，是我邀请您的嘛。”

车开得很好。姑娘就说：“看来没有什么问题，请让我下车好吗？”“怎么，您不想再陪陪我吗？我再问你一遍，您喜欢看电影吗？”

“我回答过了，喜欢，而且是个影迷。”

“您不认识我？”

“怎么不认识，您一来我就认出您是当代影帝阿列克斯·洛依德。”

“既然如此，您为何这样冷淡？”

“不！您错了，我没有冷淡。只是没有像别的女孩子那样狂热。您有您的成绩，我有我的工作。您来修车是我的顾客，如果您不再是明星了，再来修车，我也一样会接待您，人与人之间不应该是这样的吗？”

他沉默了。在这个普通的女工面前，他感觉到自己的浅薄与狂妄。

“小姐。谢谢！我是该认真想想自己的价值了。好，现在我送您回去。”

心灵感悟

每个人都有自己的价值，每个人都有自己的尊严，而尊严是不分高低贵贱的。你要做的首先是尊重别人，这样才能获得别人的尊重。

弯腰拾起的尊严

很久以前，一位挪威青年男子漂洋过海到了法国，他要报考著名的巴黎音乐学院。考试的时候，尽管他竭力将自己的水平发挥到最佳状态，但主考官还是没能录取他。

身无分文的青年男子来到学院外不远处一条繁华的街道，勒紧裤带在一棵树下拉响了手中的琴。他拉了一曲又一曲，吸引了无数人驻足聆听。饥饿的青年男子最终捧起自己的琴盒，围观的人们，纷纷掏出钱来，放在了琴盒里。一个无赖鄙夷地将钱扔在青年男子的脚下。青年男子看了看无赖，弯下腰拾起地上的钱，递给无赖说：“先生，您的钱丢在了地上。”无赖接过钱，重新扔在青年男子的脚下，傲慢地说：“这钱已经是你的了，你必须收下！”青年男子再次看了看无赖，深深地对他鞠了个躬说：“先生，谢谢您的资助！刚才您掉了钱，我弯腰为您捡起。现在我的钱掉在了地上，麻烦您也为我捡起！”无赖被青年出乎意料的举动震撼了，最终捡起地上的钱放入青年男子的琴盒，然后灰溜溜地走了。

围观的人群中有双眼睛一直默默关注着青年男子，他就是刚才的那位主考官。他将青年男子带回学院，最终录取了他。这位青年男子叫比尔撒丁，后来成为挪威小有名气的音乐家，他的代表作是《挺起你的胸膛》。

心灵感悟

当身处逆境的时候，难免会招致一些蔑视，甚至遭遇肆意践踏自己尊严的人。处于本能，人们会选择针锋相对地反抗，这样做的结果往往会让那些缺知少德者变本加厉。如果我们以理智去应对，以一种宽容的心态去展示并维护我们的尊严。那时你会发现，任何邪恶在正义面前都将无法站稳脚跟。有的时候，弯下的是腰，但拾起来的，却是无价的尊严！

站着做人，跪着做事

一天晚上，一班朋友在某酒楼吃饭。朋友相见，把酒言欢。

人无贵贱，但酒量有高低。一朋友很快就脸红脖子粗了。

喝高了的朋友，话头也多了起来。拿着酒杯，搭着另一朋友的肩膀，狂侃自己前两天是如何神勇地搞定一个客户，拿下一个大单，他两年内不愁没钱给员工发工资了。

说到兴头上，朋友站起身，把手一扬："我相信我的公司一定……"

"啪！"

朋友光顾着豪云盖天，却没注意旁边的服务员正走过来。朋友端着酒杯站起来，包厢里的服务员以为是要添酒，便端着酒瓶过来了。正巧，朋友挥起的手正打在酒瓶上。

酒瓶就这样被朋友打翻在地，碎了，酒溅在了朋友的鞋子和裤子上。

服务员惊慌失措，一个劲地道歉，很害怕。

她害怕是有理由的，朋友可能会让她赔那瓶酒，也可能会让她赔鞋子和裤子，还有可能因此不埋单了，当然，她最害怕的是因此而丢了工作。

这时，偏巧酒楼的老板走进来（我们常来是熟客，老板来打个招呼）。

老板见状马上走过去，从口袋里掏出纸巾蹲下帮朋友擦干皮鞋。

朋友这一折腾，酒也醒了，赶紧一抽身走开了，然后从旁边把老板扶起来。“这是干什么！”朋友说。

老板站了起来。他的神情让我震撼，就像刚才他是为自己或家人擦鞋一样。

“我喝多了，不小心把酒碰倒了，不怨这小姑娘，你可别为难她。”朋友说。

“谁碰倒的并不重要，你的鞋子脏了，我帮你擦，这是我的责任，因为你是我们酒楼的客人。”老板淡淡地说。

那一刻，我不觉得一个老板要蹲着帮人擦鞋很丢脸，更不觉得他一副奴才相，相反我觉得他很伟大。

此时，我也就明白，为何他的酒楼开张仅仅不到一年，就已经扩张开第二家分店了。

心灵感悟

站着的人不一定伟大，跪着的人也不一定屈辱。站着做人，跪着做事，才是真正的强者。

从自尊做起

1914年冬天，美国加州沃尔逊小镇来了一群逃难的流亡者，好心人给这些流亡者送去饮食，他们个个狼吞虎咽，连一句感谢的话都来不及说。只有一个年轻人除外，当镇长杰克逊大叔把食物送到他面前时，这个骨瘦如柴、饥肠辘辘的逃难者问：“吃你这么多东西，您有什么活让我干吗？”杰克逊说：“不，我没什么活需要你来做。”这个年轻人目光立刻暗淡下来，说：“那我不能没有经过劳动便平白吃您的东西！”杰克逊想了想说：“我想起来了，我家确实有一些活需要你帮忙。不过，要等你吃过饭后，我才给你派活。”“不，等做完了您的活，我再吃这些东西！”杰克逊只好说道：“小伙子，你愿意为我捶背吗？”于是这个年轻人弯下腰，十分认真地给杰克逊捶背。

后来，这个年轻人就留下来在杰克逊的庄园里干活，并成为一把好手。两年后，杰克逊又把女儿玛格珍妮许配给他，且对女儿说："别看他现在一无所有，可他百分之百是个富翁，因为他有尊严。"果然不出所料，20年后，这个年轻人真成了亿万富翁，他就是美国赫赫有名的石油大王哈默。

心灵感悟

自尊是人的底价，自立的基础，到任何时候，都不能失守，不能放弃，因为尊重自己，才能得到别人的尊重，相信自己，才能超越自己。

高贵的施舍

一个乞丐来到我家门前，向母亲乞讨。这个乞丐很可怜，她的右手连同整个手臂断掉了，空空的衣袖晃荡着，让人看了很难受。我以为母亲一定会慷慨施舍的，可是母亲指着门前的一堆砖对乞丐说："你帮我把这堆砖搬到屋后去吧。"

乞丐生气地说："我只有一只手，你还忍心叫我搬砖，不愿给就不给，何必刁难我？"

母亲不生气，俯身搬起砖来。还故意只用一只手搬，搬了一趟才说："你看，一只手也能干活。我能干，你为什么不能干呢？"

乞丐一时怔住了，他用异样的目光看着母亲，尖尖的喉结像一枚橄榄上下滚动两下，终于伏下身子，用仅有的一只手搬起砖来，一次只能搬两块。他整整搬了两个小时，才把砖搬完，累得气喘如牛，脸上有很多灰尘，几绺乱发被汗水濡湿了，斜贴在额头上。

母亲递给乞丐一条雪白的毛巾。乞丐接过去，很仔细地把脸和脖子擦了一遍，白毛巾变成了黑毛巾。母亲又递给乞丐20元钱。乞丐接过钱，很感动地说："谢谢你。"

母亲说："你不用谢我，这是你凭力气挣得工钱。"

乞丐说："我不会忘记你的。"他向母亲深深地鞠了一躬，就上路了。

过了很多天，又有一个乞丐来到我家门前，向母亲乞讨。母亲又让乞丐把屋后的砖搬到屋前，照样给他20元钱。

我不解地问母亲："上次你叫乞丐把砖从屋前搬到屋后，这次又叫乞丐把砖从屋后搬到我前。你到底是想把砖放在屋后还是屋前？"

母亲说："这堆砖放在屋前屋后都一样。"

我撅着嘴说："那就不要搬了。"

母亲摸摸我的头说："对乞丐来说，搬砖和不搬砖就不一样了……"

此后又来了几个乞丐，我家的砖就屋前屋后的被搬来搬去。

几年后，有个很体面的人来到我家。他西装革履，气度不凡，跟电视上那些大老板一模一样，美中不足的是，他只有一只左手，右边是一条空空的衣袖，一荡一荡的。

他握住母亲的手，俯下身说："如果没有你，我现在还是一个乞丐；因为当年你叫我搬砖，今天我才能成为一个公司的董事长。"

母亲说："这是你自己干出来的。"

独臂的董事长要把母亲连同我们一家人迁到城里去住，做城市人，过好日子。

母亲说："我们不能接受你的照顾。"

"为什么？"

"因为我们一家人个个都有两只手！"

董事长坚持说："我已经替你们买好房子了。"

母亲笑一笑说："那你就把房子送给连一只手都没有的人吧！"

心灵感悟

对一个乞丐来说，施舍再多的食物和钱财都不能让他彻底摆脱贫穷，所以，最好的办法是让他感觉到自己的尊严的存在，然后激发内心的力量自己去争取收获。

你是我的好朋友

一天，一个盲人带着他的导盲犬过街时，一辆大卡车失去控制，直冲过来，盲人当场被撞死，他的导盲犬为了守卫主人，也一起惨死在车轮底下。

主人和狗一起到了天堂门前。

一个天使拦住他俩的去路，为难地说："对不起，现在天堂只剩下一个名额，你们两个中必须有一个去地狱。"

主人一听，连忙问："我的狗又不知道什么是天堂，什么是地狱，能不能让我来决定谁去天堂呢？"

天使鄙视地看了这个主人一样，皱起了眉头，她想了想，说："很抱歉，先生，每一个灵魂都是平等的，你们要通过比赛决定由谁上天堂。"

主人失望地问："哦，什么比赛呢？"

天使说："这个比赛很简单，就是赛跑，从这里跑到天堂的大门，谁先到达目的地，谁就可以上天堂。不过，你也别担心，因为你已经死了，所以不再是瞎子，而且灵魂的速度跟肉体无关，越单纯善良的人速度越快。"

主人想了想，同意了。

天使让主人和狗准备好，就宣布赛跑开始。她满心以为主人为了进天堂，会拼命往前奔，谁知道主人一点也不忙，慢吞吞地往前走着。更令天使吃惊的是，那条导盲犬也没有奔跑，它配合着主人的步调在旁边慢慢跟着，一步都不肯离开主人。天使恍然大悟：原来，多年来这条导盲犬已经养成了习惯，永远跟着主人行动，在主人的前方守护着他。可恶的主人，正是利用了这一点，才胸有成竹，稳操胜券，他只要在天堂门口叫他的狗停下就可以了。

天使看着这条忠心耿耿的狗，心里很难过，她大声对狗说："你已经为主人献出了生命，现在，你这个主人不再是瞎子，你也不用领着他走路了，你快跑进天堂吧！"

可是，无论是主人还是他的狗，都像是没有听到天使的话一样，仍然慢吞吞地地往前走，好像在街上散步似的。

果然，离终点还有几步的时候，主人发出一声口令，狗听话地坐下了，天使用鄙视的眼神看着主人。

这时，主人笑了，他扭过头对天使说："我终于把我的狗送到天堂了，我最担心的就是它根本不想上天堂，只想跟我在一起……所以我才想帮它决定，请你照顾好它。"

天使愣住了。

主人留恋地看着自己的狗，又说："能够用比赛的方式决定真是太好了，只要我再让它往前走几步，它就可以上天堂了。不过它陪伴了我那么多年，这是我第一次可以用自己的眼睛看着它，所以我忍不住想要慢慢地走，多

看它一会儿。如果可以的话，我真希望永远看着它走下去。不过天堂到了，那才是它该去的地方，请你照顾好它。”

说完这些话，主人向狗发出了前进的命令，就在狗到达终点的一刹那，主人像一片羽毛似的落向了地狱的方向。他的狗见了，急忙掉转头，追着主人狂奔。满心懊悔的天使张开翅膀追过去，想要抓住导盲犬，不过那是世界上最纯洁善良的灵魂，速度远比天堂所有的天使都快。

所以导盲犬又跟主人在一起了，即使在地狱，导盲犬也永远守护着它的主人。

天使久久地站在那里，喃喃说道：“我一开始就错了，这两个灵魂是一体的，他们不能分开……”

心灵感悟

这个世界上，真相只有一个，可是在不同人眼中，却会看出不同的是非曲直。这是为什么呢？其实，道理很简单，因为每个人看待事物，都不可能站在绝对客观公正的立场上，而是或多或少地戴上有色眼镜，用自己的经验、好恶和道德标准来进行评判，结果就是——我们看到了假象。

只损失了2马克

尤利乌斯是一个快乐的画家，他生活得很快乐，画出来的画也全都是快乐的世界。唯一令他偶尔伤感的是，没人买他的画，但这种悲观的情绪一会儿就被他忘记了。

有一天他的朋友劝他说，“玩玩足球彩票吧！幸运的话只需花2马克就能赢很多钱。”

于是，尤利乌斯就花了2马克买了一张彩票，他很幸运，一下就赚了50万马克。

他很高兴，立即买了一幢别墅并对它进行了一番装饰。身为艺术家，他很有品位，他的家里一时间多了很多昂贵的东西：维也纳柜橱，佛罗伦萨小桌，阿富汗地毯，迈森瓷器，还有古老的威尼斯吊灯。

尤利乌斯很喜欢自己的新房子，从此他便常常很满足地坐在地毯上，点燃一支香烟，静静享受他的幸福。有一天，突然他感到很孤单，想去看看久未谋面的朋友。他像原来一样，习惯性地把烟蒂往地上一扔，甩手就出去了。

未熄灭的香烟不一会儿就引燃了华丽的阿富汗地毯，维也纳柜橱……几个小时后，别墅变成了火的海洋，被完全烧毁了。

朋友们知道这个消息后，都来安慰尤利乌斯。

"尤利乌斯，你太不幸了，我很同情你！"他们说。

"不幸？为什么？"他问。

"你那幢几十万的别墅失火了！尤利乌斯，你现在什么都没有了。"

"什么呀？不过是损失了2个马克。"尤利乌斯答道。

心灵感悟

可能很多人都做不到这一点，所以他们压力很大，所以他们的生活烦恼多于快乐。就是因为他们得到了就不想失去，想永远地拥有，可是一旦失去就久久不能释怀，时间长了还可能因此积郁成疾，不仅失去了自己拥有的东西，还失去了健康，真是何苦呢？

超越失败是一种更大的成功

2000年12月17日，在英国的曼彻斯特城，英格兰超级足球联赛第18轮的一场比赛在埃弗顿队与西汉姆联队之间紧张地进行着。比赛只剩下最后一分钟时，场上的比分仍然是1 ∶ 1。这时，埃弗顿队的守门员杰拉德在扑球时扭伤了膝盖,球被传给了潜伏在禁区的西汉姆联队球员迪卡尼奥。

球场上原本沸腾的气氛顿时平静了下来，所有的人都在等待。迪卡尼奥离球门只有12米左右，无须任何技术，只需要一点点力量，就可以从容地把球打进没有了守门员的大门。那样，西汉姆联队就将以2 ∶ 1获胜。在积分榜上，他们因此可以增加两分，而且，在此之前，埃弗顿队已经连败两轮，这个球一进，就将是苦涩的"三连败"。

在几万双现场球迷的目光注视下，迪卡尼奥没有踢出"决胜的一脚"，

而是弯下腰，把球稳稳抱到怀中……

全场因惊异而出现了片刻的沉寂，继而突然掌声雷动。

如潮水般滚动的掌声，把赞美之情献给了放弃打门的迪卡尼奥。

心灵感悟

人们有时候是渴望胜利的，甚至为了胜利不惜一切。可是，有的时候，胜利并不那么重要，或者说，用没有尊严的手段得到胜利，并不能给人们带来快意，相反，还可能是沮丧。有时候，有尊严的失败比胜利更像是胜利。

被优雅所伤

有个9岁的孩子，钢琴考级通过了六级。但是，他的父亲作了一个决定，不再让孩子继续学琴，并且把家中的那台钢琴卖掉了。

这缘于一起微不足道的事件。

孩子父亲所在公司搞联欢活动，孩子被邀请参加表演。孩子为了能在父亲公司的联欢活动中表现好一点，提前一周练习一首难度较大的《月光奏鸣曲》。到了联欢活动前，这首曲子弹得非常到位，孩子自己也很满意。

联欢活动节目丰富多彩，有相声、有对唱，还有游戏。轮到孩子上场时，已快到用餐的时候了。孩子来到钢琴前，按下了第一个音符，如水一样的旋律在大厅里流淌开来。

但是，大厅里到处是走动的人，有的人在打电话，有的在笑谈，还有服务员在换台布，准备上菜……主持人也站在台侧，和一位漂亮女孩谈兴正浓。

孩子显然注意到了这一切，他戛然而止，找寻着父亲，希望得到帮助。孩子的父亲对这样的场面束手无策，他示意孩子继续。孩子加大演奏力度，音乐再次响起。但是，除了孩子的父亲，也许没有人在真正欣赏孩子的演奏。

孩子把曲子演奏完，向台下深深鞠了一躬，但孩子没有听到掌声。

孩子是哭着走下舞台的，他来到父亲面前委屈地问："爸爸，是不是我

弹得不好？”

父亲说：“不，孩子，你弹得很好。”

孩子问：“那为什么我得不到掌声？”

父亲无言以对。

不久，孩子的父亲作出一个决定，让孩子去学简单得多的电子琴。孩子的父亲说，在一个缺乏文明和教养的环境里，孩子的钢琴弹得再好，也不会有更多的欣赏者，我不想让孩子以后被自己的优雅所伤。

听了这个故事我非常震撼。我想到了顾长卫电影作品《立春》中唱女高音的王彩玲、跳芭蕾的胡金泉，在世俗社会中，他们不仅没有被自己的优雅所福泽，恰恰被自己的优雅杀伤。

我的孩子也在学钢琴，他学得很快乐。许多场合，孩子也会上台表演。但是，孩子的演奏总是被人声淹没。这样的时候，我总是很难过，但我下不了决心，中止孩子学琴。

现在，我轻易不敢让孩子随便在别人面前去弹奏，因为我害怕那种嘈杂的环境，那种词不达意的肯定，会伤到孩子的自尊。

心灵感悟

尊重别人，尊重别人的劳动，因为你的尊重可能给对方很大的鼓舞，很可能一个美丽的梦想就会由此实现。而不尊重对方，很可能就扼杀了一个美丽的梦想。

穷人的自尊

丈夫在一所重点中学教书，我们便住在这所学校里。这天，一个女学生来敲门，跟在她身后的是一位中年人，从眉目上看，显然是女学生的父亲。

进屋来，父女俩拘谨地坐下。他们并没有什么事，只是父亲特地骑自行车从八十多里以外的家来看看读高中的女儿。“顺便来瞅瞅老师。”父亲说，“农村没什么鲜货，只拿了十几个新下的鸡蛋。”说着，从肩上挎的布兜里颤巍巍地往外掏。布兜里装了很多糠，裹了十几个鸡蛋。显然，他做得很精心，生怕鸡蛋被挤破。

我提议中午大家一起包饺子吃，父女俩一脸惶恐死活不肯，我用老师的尊严才“震慑”住。吃饺子时，父女俩依然拘束但很高兴。

送走女学生和她的父亲，丈夫一脸诧异。他惊奇从来都把送礼者拒之门外的我，为何因十几个鸡蛋而折腰？还破例要留父女俩吃饺子？

望着丈夫不解的眼神，我微微一笑，讲述了20年前自己经历的一件事。

在我10岁那年的夏天，父亲要给外地的叔叔打一个电话。天黑了，我跟在父亲身后，深一脚浅一脚地去10里以外的小镇邮电局。我肩上挎的布兜里装着刚从自家梨树上摘下来的7个大绵梨。

这棵梨树长了3年，今年第一次结了7个果。小妹每天浇水，盼着梨长大。但今天晚上，梨被父亲全摘下来了。小妹急得直跺脚，父亲大吼：“拿它去办事呢！”

邮局早已下班。管电话的是我家的一个远房亲戚，父亲让我喊他姨爹。进屋时，他们一家正在吃饭。父亲说明来意，姨爹嗯了一声，没动。我和父亲站在靠门边的地方，破旧的衣服在灯光下的照耀分外寒酸。一直等姨爹吃完饭，剔完牙，伸伸懒腰，他才说：“号码给我，在这儿等着，我去看看能否打得通。”

5分钟之后，姨爹回来了，说：“打通了，也讲明白了，电话费九毛五分。”父亲赶紧从裤兜里掏钱。

父亲又让我赶快拿绵梨。不料，姨爹一只手一摆，大声说：“不，不要！家里多的是，你们去猪圈瞧瞧，猪都吃不完！”

回来的路上，我跟在父亲的身后，抱着布兜，哭了一路。仅仅因为我们贫穷，血缘和亲情也淡了。仅仅因为贫穷，我们在别人的眼里好像就没有一点点自尊。

在以后的成长过程中，姨爹摆手的动作一直深深藏在我心里。它像一根软鞭时时鞭打着我的心灵，我不会做姨爹那样的手势，给一个女孩子的记忆抹上灰色的印痕。我相信，我今天的饺子将给女孩子留下抹不去的记忆，因为爱心的力量总比伤害的力量大得多。

心灵感悟

贫穷不是否定一个人尊严的借口和理由。或许他是很穷，但是他倾其所有拿出了自己认为最宝贵的东西，或许这东西在你的眼中很低廉，

但是我们应该在乎的是他的心和尊严。爱能让一个人感受阳光雨露，恨却能让一个人的心从此阴霾笼罩。

可敬与可贵

以公司冠名的摄影比赛吸引了一大批参赛作者，我们特意邀请了一位德高望重、在国内屡获大奖的老摄影家做评委会主席，把我们初选出来的一些作品请他过目。

他的目光停留在附在作品的一张信笺上，良久才抬起头来问我们：“这是他通过初选的理由？”

说实在的，那幅作品并不是什么上乘之作，构图一般，用光也没什么可取之处，但是那封信却写得非常感人。

作者是一位残疾人，从小腿就瘸了，他在信里历数了自己为了摄影而付出的常人难以想象的艰辛和把摄影作为自己终身事业的决心，让我们几个评委都非常感动：太难能可贵了。

老摄影家轻轻地把那幅作品抽出来：“如果你们是因为这封信才将他入选的话，我持反对意见。”

难堪的沉默。良久，一位评委才咳嗽了一声，说如果我们不给他评奖的话，是不是就打击了一颗追求美、追求上进的心？

平素慈眉善目的老摄影家却表现出反常的严肃：“如果这么轻易就被打击了的话，那他就不应该把摄影作为他的事业来追求！”

我也是为他的作品投赞成票的评委之一，所以也试探着谈出了自己的意见：“但是对于一位残疾人来说，能有这样的作品，的确已经很难能可贵了。”

老摄影家轻叹了口气：“如果你们坚持的话，可能会误导他走上一条完全不适合他的道路。如果他一直靠博取别人的同情来取得成功的话，那他将永远没有出头之日。”

“至少对于我来说，”老摄影家摇摇头，语气却出奇的严厉，“选择摄影是我最后悔的选择。付出同样的努力，我完全可以在别的领域取得更大的成功。因为难能虽然可敬，但却未必可贵。”

老摄影家弯下腰，轻轻卷起自己的裤腿，展现给我们的是一条不锈钢的假肢。

心灵感悟

善心并不见得都是好的，如果因此让一个人误入歧途，那这样的善心必须停止。如果同情能够帮助一个人，那这个人得到的是麻痹，而不是自省。这样的人，根本就不会获得成功，如果这条路不是自己真正想走的话。即使获得暂时的成功，那也只不过是色彩艳丽的泡沫罢了。

寒冬中的暖阳

那年我在纽约。一个冬日的下午，我到路边的报摊要购买一份杂志。我掏出五张一元的钞票，交到店主的手上。就在这一刹那，猛地刮起一阵冷风，店主的手一松，其中一张一元钞票随风飘到街角一个在寒风中瑟缩发抖、默默长跪的乞丐身旁。

这时，店主呀的一声，说：“糟了！这下肯定拿不回来了！”我的脑子还没反应过来，只见乞丐拿起了膝前的钞票，站起身，一步一步向我们走近。

他一言不发，伸出满是污垢的手，将那张钞票交还给我。

我诚敬地将钞票又塞回乞丐的手中。他的手迟疑地停顿在半空中。我轻声说：“这是你的，是神的意思。”他嗫嚅地说声：“谢谢！”拿着那张钞票，又蹒跚地走回原地，跪在街头。

望着店主一双诧异的眼神，我从口袋里掏出另一张一元钞票，补给店主：“他是个好人！”

店主紧紧握着这张钞票，说：“你也是个好人！”

我笑了笑，寒冬中微弱的阳光，照在我身上，也照在乞丐的身上。

我不由感叹：“贫”和“贪”，这两个字看起来很像，意义却迥然不同。

心灵感悟

物质的贫穷固然让人难过，但是如果连精神都贫穷了，那人生也就

没有救了。如果也个人穷得连精神和尊严都失去了，那这个人活着还不如死了。

成熟的麦穗懂得弯腰

有位刚刚退休的资深医生，医术非常高明，许多年轻的医生都前来求教，要求投靠在他门下。资深医生选了其中一位年轻的医生，帮忙看诊，两人以师徒相称。应诊时，年轻医生成为得力助手，资深医生理所当然是年轻医生的导师。

由于两人合作无间，诊所的病患者与日俱增，诊所声名远播。为了分担门诊时越来越多的工作量，避免患者等得太久，医生师徒决定分开看诊。

病情比较轻微的患者，由年轻医生诊断;病情较严重的，由师傅出马。实行一段时间之后，指明挂号给医生徒弟看诊的病患者，比例明显增加。起初，医生师傅不以为意，心中也高兴："小病都医好了，当然不会拖延成为大病，病患减少，我也乐得轻松。"

直到有一天，医生师傅发现，有几位病人的病情很严重，但在挂号时仍坚持要让医生徒弟看诊，对此现象他百思不解。

还好，医生师徒两人彼此信赖，相处时没有心结，收入的分配，也有一套双方都能接受的标准制度，所以医生师傅并没有往坏处想。也就不至于到怀疑医生徒弟从中搞鬼、故意抢病人的地步。

"可是，为什么呢？"他问，"为什么大家不找我看诊？难道他们以为我的医术不高明吗？我刚刚才得到一项由医学会颁赠的'杰出成就奖'，登在新闻报纸的版面也很大，很多人都看得到啊！"

为了解开他心中的疑团，我来到他的诊所深入观察。本来我想佯装成患者，后来因为感冒，也就顺理成章地到他的诊所就医，顺便看看问题出在哪里。

初诊挂号时，负责挂号的小姐很客气，并没有刻意暗示病人要挂哪一位医生的号。

复诊挂号时，就有点学问了，发现很多病人都从师傅那边，转到医生徒弟的诊室。问题就出在所谓的"口碑效果"，医生徒弟的门诊挂号人数偏多，等候诊断的时间也较长，有些病人在等候区聊天，交换彼此的看诊经验，呈现出“门庭若市”的场面，让一些对自己病情较没有信心的患者趋之若鹜。

更有趣的发现是，医生徒弟的经验虽然不够丰富，但就是因为他有自知之明，所以问诊时非常仔细，慢慢研究推敲，跟病人的沟通较多、也较深入。而且很亲切、客气，也常给病人加油打气：“不用担心啦！回去多喝开水，睡眠要充足，很快就会好起来的。”类似的心灵鼓励，让他开出的药方更有加倍的效果。

回过头来看看医生师傅这边，情况正好相反。经验丰富的他，看诊速度很快，往往病患者毋须开口多说，他就知道问题在哪里，资深加上专业，使得他的表情显得冷酷，仿佛对病人的苦痛渐渐麻痹，缺少同情心。

整个看诊的过程，明明是很专业认真的，却容易使病患者产生“漫不经心、草草了事”的误会。当我向医生师傅提出这些浅见时，他惊讶地张大了嘴巴：“对呀！我自己怎么都没有发现！”

心灵感悟

这就是麦穗弯腰的哲学，其实，很多具有专业素养的人士，都很容易遇到类似的问题。并不是故意要摆出盛气凌人的高姿态，但却因为地位高高在上，令人仰之弥高，产生遥不可及的距离感。其实，越成熟的麦穗，越懂得弯腰。弯腰的人并不一定就是向人示弱，站直的人也不一定就是真正的强者。

依靠自己站起来

在西方的一个国家，有一个经理，他把多年以来的所有积蓄全部投资在一项小型制造业，由于世界大战的爆发，他无法取得他的工厂所需要的原料，只好宣告破产。

金钱的丧失，工厂的倒闭，使他大为沮丧。他认为是他把家人害的没有了这一切，于是他离开妻子儿女，成为一名流浪汉。过去的一幕一幕时常在他的脑海里上演，他对于这些损失无法忘怀，老是徘徊在过去，不肯为今后的日子打算，而且越来越难过。到最后，甚至想要跳湖自杀。

一个偶然的机会，他看到了一本名为《自信心》的书。这本书的内容说的全是有关于怎么样能够把人的信心建立起来，在你的生活、工作上崩溃了以后，如何重新恢复信心，当他看完之后，给他带来勇气和希望，他决定找到这本书的作者，请作者帮助他再度站起来。

于是，他便四处打听，终于被他打听到了，当他找到作者，说完他的故事后，那位作者却对他说："我已经以极大的兴趣听完了你的故事，我希望我能对你有所帮助，但事实上，我却绝无能力帮助你。"

他的脸立刻变得苍白，默默地呆了几分钟，然后低下头，喃喃地说道："这下完蛋了。"

作者停了几秒钟，然后说道："虽然我没有办法帮你，但我可以介绍你去见一个人，他可以协助你东山再起。"刚说完这几句话，流浪汉立刻跳了起来，抓住作者的手，说道："看在老天爷的份儿上，请带我去见这个人。"

于是他便跟着作者走到里边的卧室，作者把他带到一面高大的镜子面前，用手指着说："我介绍的就是这个人。在这世界上，你只有靠这个人的帮助才能够东山再起。但是你必须安静的坐下来，好好地看清楚他，彻底认识的认识他，否则你只能跳到密歇根湖里。因为在你对这个人做充分的认识之前，对于你自己或这个世界来说，你都将是个没有任何价值的废物。"

他朝着镜子向前走了几步，用手摸摸他长满胡须的脸孔，对着镜子里的人从头到脚打量了几分钟，然后退几步，低下头，开始哭泣起来。等了一会儿，他就走了，也没对作者说什么。

几天后，这个人终于出现在了街上，作者在街上碰见了这个人时，几乎认不出来了：他的步伐轻快有力，头抬得高高的，他从头到脚打扮一新，看来是很成功的样子。

作者看到后，有点不敢相信自己的眼睛，走过去打了个招呼。当初的流浪汉很兴奋的说道："那一天我离开你的办公室时还只是一个流浪汉。我对着镜子找到了我的自信。现在我找到了一份年薪3000美元的工作。我的老板先预支一部分钱给家人。我现在又走上成功之路了。"顿了顿，接着他又风趣地对作者说，"我正要前去告诉你，将来有一天，我还要再去拜访你一次。

我将带一张支票，签好字，收款人是你，金额是空白的，由你填上数

字。因为你使我认识了自己，幸好你要我站在那面大镜子前，把真正的我指给我看。”

心灵感悟

在这个世界上，只有你自己才能帮助自己东山再起，也只有你自己，才能认识到自己的价值。有了自信，才能充分认识自己，使自己能够承受各种考验、挫折和失败，敢于去争取最后的胜利。

痛感与生命

我认识一位妇人，她几乎经历了一个普通女人所经历的所有不幸；幼年时候父母先后病逝；好不容易找到了一份工作，又因为不同意做厂里某领导的儿媳而被挤出厂门；嫁了个当兵的丈夫，婆婆却十分苛刻；婆婆过世后丈夫又因外遇弃她而去。现在，她领着女儿独自度日，似乎过得十分平静。

一个阳光很好的日子，我去她家闲坐，女儿在一边玩耍。我们边聊边和小姑娘逗笑，不经意间触动了往事。我赞叹她遭遇这么多挫折却生活得如此坚强平和，她笑笑，给我讲了一个故事：

两个老裁缝去非洲打猎，路上碰到了一头狮子，其中一个裁缝被狮子咬伤了，没被咬的那位问他：“疼吗？”受伤的裁缝说：“当我笑的时候才感到疼。”

“妈妈，我的手破了！”小姑娘猛然喊。她举起手指让我们看。原来手指被铁片划了一道细口，留了点血。

“疼吗？”我问。

“疼。”

“骗人。”妇人笑道，“你不动它时就不觉得疼，是吗？”

“那我就一直不动吗？”

“当然要动。只有动时血液才会流动，才会让旧的伤痕快点逝去，才会早点恢复健康。”

小姑娘笑了，又去乖乖地玩耍。

"我也是这样的。"妇人对我笑道:"我被狮子咬了许多口，但人的一贯原则是:忍着痛，坚持动，笑也好，哭也好，只要有灵魂，只要有生命，就有生存的意义、希望和幸福。"

我惊痴地望着她沧桑无数的脸，仿佛那是一方视线极阔的天窗。

心灵感悟

所谓"幸福是相似的，不幸则各种各样"，我们无法去和命运讨价还价，但是我们可以抗争，抗争命运加诸在我们身上的各种不幸，这样的我们才会更加坚强。而坚强的我们，因为坚强，很多的不幸也就望而却步了。

宽容是金

2004年8月23日，雅典奥运会男子单杠决赛正在进行。28岁的俄罗斯老将涅莫夫第三个出场，他在杠上一共完成了直体特卡切夫、分体特卡切夫、京格尔空翻、团身后空翻2周等连续6个空翻和腾越，非常精彩，只是落地往前跨了一步。他征服了观众，但是裁判只给了他9.725分!

此刻，体操史上少有的情况出现了:全场观众愤怒着，他们全都站立起来，报以持久而响亮的嘘声，比赛不得不被打断。

回到休息处的涅莫夫埋首解下手上的层层绷带，脸上不带任何表情，裁判的不公早已不能让历经沧桑的他心头再起波澜，他是由于对体操的执著和热爱才仍然在这块场地上坚持奋斗的。但是现场的俄罗斯观众率先表示了对裁判的不满，他们开始挥舞俄罗斯国旗，对裁判报以阵阵的嘘声。

此刻，观众席上的热情被点燃了，嘘声更响了，本来应该上场的美国的保罗·哈姆虽然已经准备就绪，却只能双手沾满镁粉站立在原地。裁判席上的裁判们开始交头接耳，对目前的情况进行商讨。这时，俄罗斯体操代表团的代表开始走向裁判席和裁判长进行交涉。

涅莫夫仍然一副冷峻的表情，只是间或向观众挥手致意;涅莫夫的回应让观众的反应更加剧烈了。面对着如此感人的场面，涅莫夫冰山般的面容也开始融化，他露出了成熟的微笑，边向着观众鼓掌，边站立起来，向

同时朝他欢呼的观众挥手致意，并深深地鞠躬，感谢观众对自己的热爱和支持。涅莫夫的大度反而进一步激发了观众的不满，嘘声更响了，很多观众甚至伸出双手，拇指朝下，做出不文雅的鄙视动作。不同国度的观众这个时候结成了同盟，俄罗斯的、意大利的、巴西的……不同的旗帜飞舞着。

但涅莫夫身旁的队友却压制不住心头的不满，反而高举手臂调动观众的情绪；这时涅莫夫的脸也转向了裁判席，可是同一张脸上却微笑不再，深邃的眼眸中射出冷冷的光芒。裁判席上的讨论更加激烈了，这一幕让涅莫夫哑然失笑。

在如此巨大的压力下，裁判终于被迫重新打分，这一次涅莫夫得到了9.762分。裁判的退让根本不能平息观众的不满，观众的嘘声反而显得更为理直气壮。重新准备开始比赛的保罗·哈姆又只能僵立在原地。

这时，涅莫夫显示出了过人的人格魅力和宽广胸襟，他重新回到场地上、心爱的单杠边。只见涅莫夫先是举起强壮的右臂表示感谢观众的支持；接着伸出右手食指做出禁声的手势，请求观众给保罗·哈姆一个安静的比赛环境；然后具有大将风范地双手下压，要求观众们保持冷静。

心灵感悟

在那次比赛中，涅莫夫虽然没有拿到金牌，但他仍然是观众心中的“冠军”：他没有打败对手，但他以自己的宽容征服了观众。在生活中，出现摩擦、不快和委屈，是常有的事。我们不能以针尖对麦芒，因为怨恨就像一只气球，越吹越大，最后会膨胀到无法控制的地步。面对怨恨，我们应该不念旧恶，不计新仇，能宽容时就宽容，得饶人处且饶人。

天价微笑

在20年前的美国，曾经发生过一个真实的故事。

美国加州一位6岁的小女孩，在一次偶然的机会中，遇到一个陌生的路人，陌生人一下子给了她4万美元的现款。

一个女孩突然得到这么大金额的馈赠，消息一传出，整个加州都为之疯狂骚动起来。

记者纷纷找上门来，访问这个小女孩："小妹妹，你在路上遇到的那位陌生人，你真不认识他么？他是你的一位远房亲戚吗？他为什么给你那么多钱？4万美元，那是一笔很大的数目啊！那位给你钱的先生，他是不是脑子有问题……"

小女孩露出甜美的微笑，回答说："不，我不认识他，他也不是我的什么远房亲戚，我想……他脑子应该也没有问题！为什么给我这么多钱，我也不知道啊……"尽管记者用尽一切方法追问，仍然无法探个究竟。

这位小女孩努力地想了又想，约摸过了十分钟，她若有所悟地告诉父亲："就在那一天，我刚好在外面玩，在路上碰到那个人，当时我对他笑了笑，就只是这样啊！"

父亲接着问："那么，对方有没有说什么话呢？"

小女孩想了想，答道："他好像说了句'你天使般的微笑，化解了我多年的苦闷！'爸爸，什么是苦闷啊？"

原来那个路人是一个富豪，一个不是很快乐的有钱人。他脸上的表情一直是非常冷酷而严肃的，整个小镇根本没有人敢对他笑。他偶然遇到这个小女孩，对他露出了真诚的微笑，使他心中不自觉地温暖了起来，让他尘封了不知多少年的心扉打开了。

于是，富豪决定给予小女孩4万美元，这是他对那时候他所拥有的那种感觉定出的价格。

心灵感悟

如果一个天使般的微笑，足以打开心中纠缠多年的死结，这样的笑容应该是无价的。同时，它也是化解困境最有效的绝招之一。

死神也怕咬紧牙关

那个惊心动魄的故事是这样的：

罗伯特和妻子玛丽终于攀到了山顶。站在山顶上眺望，远处的城市中白色的楼群在阳光下变成了一幅画。仰头，蓝天白云，柔风轻吹，两个人高兴得像孩子，手舞足蹈，忘乎所以。对于终日劳碌的他们，这真是一次难得的旅行。

悲剧正是从这个时候开始的。罗伯特一脚踩空，高大的身躯打了个趔趄，随即向万丈深渊滑去，周围是陡峭的山石，没有抓手的地方。短短的一瞬，玛丽就明白发生了什么事，下意识的，她一口咬住了丈夫的上衣，当时她正蹲在地上拍摄远处的风景。同时她也被惯性带向岩边，在这紧要关头，她抱住了一棵树。

罗伯特悬在空中，玛丽牙关紧咬，你能相信吗？两排洁白细碎的牙齿承担了一个高大魁梧躯体的全部重量。他们像一幅画，定格在蓝天白云大山峭石之间。玛丽的头发像一面旗帜，在风中飘扬。

玛丽不能张口呼救，一小时后，过往的游客救了他们。而这时的玛丽，美丽的牙齿和嘴唇早被血染得鲜红鲜红。有人问玛丽如何能挺那么长时间，玛丽回答："当时，我头脑里只有一个念头：我一松口，罗伯特肯定会死。"

几天之后，这个故事像长了翅膀飞遍了世界各地。

心灵感悟

假如说很多时候，人是被死神吓死的，相信并不为过。在面临生死考验时，人们总是会无限放大死，结果死的阴影大得盖过了生命的阳光。其实，只要你想活着，那你就能让自己活着，因为你有这个潜能。所以，告诉自己，死神也怕咬紧牙关。

从不相信命运

美国作家阿尔伯特·哈伯德在书中讲述了这样一个故事：

威尔逊先生经过多年的努力奋斗,如今终于成了一个受人尊敬的企业家。

这天，当他从办公楼出来时，听到背后传来"嗒嗒"的声音，那是盲人用竹竿敲打地面发出来的，威尔逊停下了脚步。盲人意识到前方有人，连忙上前说道："先生，我是个可怜的盲人，帮帮我，买一个精美的打火机吧，1美元，我可靠它谋生呢。"威尔逊叹了口气，接过了打火机："我不会用的，但我愿意帮你。"说着递了张钞票过去。盲人一摸发现是100美元，兴奋得声音都颤抖了："您真是个好心的人，上帝保佑您。"

当威尔逊正预备转身离去，但盲人仍在自言自语："我本不是天生的瞎子，是18年前布尔顿的那次事故引起的，真可怕。"听到这儿，威尔逊心里一震，回过头失声地叫道："那次化工厂爆炸吗？""是啊。"盲人见引起了威尔逊的注重，便喋喋不休地讲起了自己的遭遇，希望博得这位富人的同情，得到更多的好处。"那次死了好多人啊，我也因此落到了今天这种田地，贫困交加。您不知道，当时的情景真可怕，一声惊雷巨响，然后到处都是熊熊烈火。逃命的人挤作一团，我本来已经到了门口，可后面一个大个子却叫道：我还年轻，让我先出去；。边说边用力把我推倒。踩在我身上跑了出去。

等我醒过来后，眼睛便什么也看不见了……"盲人还要继续讲下去，威尔逊却冷冷地打断了他的话头："你在撒谎。事情不是这样的。"盲人一惊，停止了自己的诉说。威尔逊又说道："当时我也在化工厂内，是你踩着我的身体跑出门的，你说的那几句话，我一辈子也忘不了！"盲人呆住了，他忽然拉住威尔逊的衣服，激动地大叫："这不公平！我跑了出去，却成了瞎子；你留在了里面，如今却风光自得。"威尔逊用力摆脱了他，举起手中一支精致的手杖，不屑地说道："我也是瞎子，可我从不相信命运。"生命无常，每个人都有或大或小的苦难，不同的人面对这种困境有不同的应对方法。

身体残疾，尤其眼睛，对人的生活影响最大，很不轻易找到适合自己的生存方式。我们不知道威尔逊先生以怎样的方式，克服怎样的困难，去开创了自己的事业，而且能够取得成功。

他的成功中，应该包含着一种无比的宽容，就像宽容18年前从自己身上践踏过去、夺路而逃的那个人，只是不能宽容他的颓废、他的不振作、他的听天由命。

心灵感悟

只要你拥有一颗永不服输的心灵，拥有一种越挫越奋的意志，内心就会升腾起一股勇往直前的勇气，从而也就不再抱怨上苍的不公。这样坚苦卓绝地去做了，虽然不一定都能达到理想的彼岸，不一定能够采撷到预想的果实，但这个心灵的激励，这个奋斗过程本身，就闪耀着无边无际的生命之美的光线。

改变人生的选择题

密西西比河畔有一个小镇，镇里有一所中学，学校内有一个由26位学生组成的班级，这些学生都有着不光彩的过去，有人吸毒，有人进过少管所，有人偷窃，这些人聚在一起，也都有破罐子破摔的心态，混一天少一天。

家长对各自的孩子没有办法，老师和学校领导也几乎想放弃他们。

就在这时，一个叫弗娅的年轻女教师到了这所学校，她自告奋勇地接手了这个班，新学期开始的第一堂课，弗娅没有像以前的老师那样严格要求，强调整顿纪律，而是先为学生出了一道题。

弗娅站在讲台上，她亲昵的目光扫过讲台下的学生，推心置腹地说："A、B、C是三个国家领导的候选人，在选举前，三个人以往的经历差别很大。A不仅吸毒，而且嗜酒如命。B经常到中午才起床，每晚要喝1斤的白兰地，而且曾吸食过鸦片。C曾是国家的战斗英雄，烟酒不沾，保持素食习惯，年轻时从未违法。"

弗娅向学生们提问："假如让你们从这三个人中选出一个，希望这个候选人以后能造福人类，那你们会选谁呢？"这些学生虽然都有不光彩的过去，但在他们的心目中，这个问题似乎很简单，不约而同地都选择了C。

可弗娅将这三个人的名字说出来后，学生们顿时惊呆了。"这三个人都是二战时期的闻名人物，A是富兰克林·罗斯福，身残志坚的美国总统；B是温斯顿·丘吉尔，英国历史上闻名的首相；C是德国法西斯的元首阿道夫·希特勒，夺去几千万无辜生命的恶魔。"

学生们怔怔地望着女教师，思绪似烟雾般袅袅缭绕，乱纷纷一团。

弗娅接着说下去："你们的人生之路才刚刚开始，过错和耻辱只能代表过去，而未来的所作所为才是你们真正的人生。只要你们能从过去的阴影里走出来，从现在开始，努力发挥自己的潜力，做自己想做的事，每个人都会成为了不起的人才……"

"啧啧！"讲台上先是一片赞叹的欷歔，接着响起持久不断的掌声。弗娅的这番话，激励这些落后的学生们从此奋发向上，改变了他们的一生。

心灵感悟

每个人都会犯错，这并不可怕，可怕的是不知道悔改，连续犯错。更重要的是，一个人过去犯错，并不能说明他将来也会犯错，过去的错误只能代表过去。如果从现在开始意识到自己的错误，开始改正，并发挥潜力做出成绩，那么一切都是有可能的。路，就是遵从了自己内心的召唤的，但是，有的人被路旁的风景吸引，渐渐变得流连忘返、驻足不前，而把内心的召唤慢慢忽略掉了；有的人被路上的行人吸引，跟着别人的脚步走上了原本不是自己希望走的路上，结果离自己的初衷越来越远；有的人不小心被路上的石头绊了一个跟头，气愤的他站在路上不停地咒骂让自己摔跤的石头，忘记了自己应该走的路；有的人则无论遇到什么天气、什么困难，都能坚持走自己希望的那条路，结果，他们最终都走到了。

走过一段漫长的旅程需要爱的支持，需要善意的帮助，但是这一切，都需要人们的付出来换得。付出不完全是金钱、财富，其实任何形式的付出都可以做到。

人们会为了最终实现自己的目标不择手段，但是这样的不择手段应该有一个底线，那就是不伤害别人，也不伤害自己。这样，人们才能得到不同人的帮助，才能体面地、有尊严地去走自己的路，否则，人们会变成别人眼中的风景，任人评说甚至是谩骂。